我们一起解决问题

智能的本质

人工智能与机器人领域的64个大问题

[美] 皮埃罗·斯加鲁菲（Piero Scaruffi）◎ 著
任 莉 张建宇 ◎ 译 闫景立 ◎ 审校

INTELLIGENCE
IS NOT
ARTIFICIAL

人民邮电出版社
北 京

图书在版编目（CIP）数据

智能的本质 : 人工智能与机器人领域的64个大问题 / (美) 皮埃罗·斯加鲁菲 (Piero Scaruffi) 著 ; 任莉, 张建宇译. -- 北京 : 人民邮电出版社, 2017.2
ISBN 978-7-115-44378-6

Ⅰ. ①智… Ⅱ. ①皮… ②任… ③张… Ⅲ. ①人工智能—研究 Ⅳ. ①TP18

中国版本图书馆CIP数据核字(2016)第302561号

内容提要

机器人的智慧能超越人类吗？人工智能的奇点究竟何时会到来？人类会借助人工智能实现永生吗？对于这些问题的回答，都取决于我们如何定义智能的本质。

本书作者总结自己在人工智能领域30多年的研究成果和实践经验，系统阐述了人工智能技术的源起、现状与未来发展趋势。作者通过剖析深度学习、图像识别等人工智能模型的核心技术，并对比合成生物学以及神经网络方面的最新成果，指出奇点距离我们还非常遥远，人的机器化倾向才是我们当下应该重视的问题；机器人应该被用来提升人类的生活质量，同时人类也要时刻警惕自己不要失掉常识、变得像机器一样冷酷而愚笨。

对于人工智能领域的研究者、人工智能技术的实践者，以及每一个生活在智能机器场景中的普通人，本书都是一本直抵智能本质、清晰呈现人工智能未来的指导手册。

◆著　　　【美】皮埃罗·斯加鲁菲（Piero Scaruffi）
译　　　任　莉　张建宇
审　　校　闫景立
责任编辑　王飞龙
责任印制　焦志炜
◆人民邮电出版社出版发行　　北京市丰台区成寿寺路11号
邮编 100164　　电子邮件 315@ptpress.com.cn
网址 http://www.ptpress.com.cn
廊坊市印艺阁数字科技有限公司印刷
◆开本：720×960　1/16
印张：15.5　　2017年2月第1版
字数：240千字　　2025年3月河北第26次印刷
著作权合同登记号　图字：01-2016-7952号

定　价：55.00元
读者服务热线：（010）81055656　印装质量热线：（010）81055316
反盗版热线：（010）81055315

推荐序一

机器智能：热点、理性与未来

刘宏，北京大学教授、中国人工智能学会副理事长

阿兰·图灵发表论文《计算机器与智能》（“Computing Machinery and Intelligence”，1950）至今，尽管人工智能研究走过了半个多世纪的历史，但似乎只是在最近几年里，人工智能与机器人才突然成为几乎全社会广泛、深入热议的话题。人工智能领域的每一点创新和进步，都可能成为媒体报道的头条；智能制造、智能服务、智能交易等新概念层出不穷，似乎每个行业都可以通过“智能化”给自己贴上变革与新技术的标签，与传统划清界限。

我是从1993年攻读博士学位开始智能机器人学习和研究的，感觉与过去几十年那段默默无闻的发展历史相比，现在的人工智能和机器人领域似乎显得过于喧嚣和浮躁，在有些场合我甚至都不好意思跟别人说自己是研究机器人的了。因为在今天的喧嚣和浮躁中，我看到了越来越多自称自己在搞机器人的人，其实是围绕着智能机器人在编故事、写本子，目的是拉投资、卖股份。在这种环境之下，能够安静地翻开皮埃罗·斯加鲁菲的这本书，努力回归智能的本质来探讨人工智能与机器人的过去、现在与未来，

就显得有格外的意义了。

谷歌的AlphaGo与韩国围棋棋手李世石的对弈把有关人工智能的讨论推向了一个高潮。很多人由此开始产生了机器智能即将全面超过人类的乐观期望或恐慌。其实，机器博弈战胜人类棋手并不让人感到非常的意外。下围棋本身是一种最典型的问题空间的表达和搜索问题，而刚好计算机非常擅长处理这样的问题。我们人类的棋手可以看20步棋，计算机就可能看到30步之后的棋，人工智能算法把树形搜索、问题空间拓展得非常充分，高性能计算机使得检索的效率变得越来越高。可见，机器智能在下棋方面确实占据了极大的优势。

但从另一方面来说，在下棋这件事上机器智能战胜人类棋手，并不等于说机器智能就全面超过了人类。人的智能是多方面的，包括运动的智能、感知的智能、推理的智能、计算的智能、决策的智能和控制的智能等，是由一系列环节紧密协作、交互融合构成的。而机器博弈的胜利只能代表在问题空间表达和搜索推理这一个环节上，机器智能超过了人类。

正如这本书中所写到的，早在千年之前，人类发明的时钟就已在计数时间方面超过了所有人，所以机器智能在某个领域超过人类并不值得大惊小怪。假如人类智能有100项评价标准的话，可能机器人只有一二十项赶上或者超过人类。要达到全面超过人类智能的目标，机器智能还有相当长的一段路要走。

虽然人工智能技术的发展还有很长的一段路要走，但我还是相信，在未来，机器人一定会在越来越多的方面超过人类。因为作为个体的人来说，人的生命是有局限的，整个生命周期非常短，而且人的学习能力、感知能力、处理能力受到很大的时空约束，而这一点反而正是机器人的优势。所以，未来的机器人将会越来越体现出以下三个方面的特点：

第一，机器人可以在很短的时间内把人类长期积累的研究成果（知识）纳入自己的大脑当中，这是其学习能力上的优势。

第二，机器人是无私无畏的。人为什么有很大局限？因为人怕死。人有自我意识，而机器人可以无私无畏，只要给软件做个备份，本体再造一次，机器人就可以再生，而人类很难从根本上做到。这也就是说，我们人类这样的有私心的个体去和一些无私无畏的个体竞争，可以想象，最终的结局肯定是无私无畏的个体更占优势。

第三，从团体来说，虽然我们已经来到信息社会了，但人与人的合作远远未能达到一个十分融洽的程度，所以我们才要建设和谐社会。而在机器人的“社会”，机器人的团体之间并不存在类似的根本性的利益之争，更容易合作和团结。群体机器人这个组织的合作能力未来可能远远超过人类的战斗力，这是一个基本的判断。

所以我个人觉得，不只是从技术上，而是从哲学上、从逻辑上来讲，正是机器人的这些特点决定了它的未来走向。

值得欣慰的是，机器人的这些特点也正迎合了人类未来的一些核心需求，会让我们的工作环境更好（机器人会承担很多环境恶劣的工作）、生活得更舒适（机器人会提供24小时全年无休的服务）。所以我们没有必要因为机器人将要超过人类而产生过分的恐慌，正如皮埃罗•斯加鲁菲在这本书中所说的：“我不怕机器人的到来，我怕机器人姗姗来迟。”

一万年来，人类社会走过了以旧石器、新石器、青铜器和铁器为代表的“物质工具”时代；经历了以蒸气机、发电机和光伏设备为代表的“能量工具”时代；迎来了以计算机、互联网和移动通信为代表的“信息工具”时代。

未来，我相信以机器人为载体的人工智能技术将实现物质、能量、信息的高效整合。使人类工具的发展进入一个全新的更高阶段。

近年来，在媒体的鼓吹与资本的追捧之下，人们对于人工智能与机器人的认识和探讨方式，似乎有些偏离了技术的原有逻辑。皮埃罗•斯加鲁菲的这本书生动易懂而又发人深思，对于人们回归常识与本质，客观地理解人工智能、机器人乃至未来智能社会的人类生活，都是有意义的。

推荐序二

关于人工智能冷静而深入的思考

樊会文，中国电子信息产业发展研究院

本书并非关于人工智能的科普著作，而是一部科学哲学著作，充满思辨精神。所述内容涉及人工智能技术基础、发展方向、对人类影响以及相关的伦理法律等问题，作者的观点客观、冷静、新颖、鲜明。

近年来，随着信息技术创新突飞猛进的发展，人工智能取得了一系列突破，重新燃起人们对人工智能创新应用的热情，各种媒体每天都大量报道着人工智能技术的进展，电脑与人对弈、深度学习、机器人、机器识别、无人驾驶、机器翻译……有关人工智能技术发展趋势的各种预测报告也纷纷发布。关于人工智能的讨论，显然已成为世界性的热门话题。喧嚣的媒体夸大了人工智能的发展水平，造成了社会性错觉。不少人判断，人工智能时代即将来临。有人感到振奋，也有人表示担忧。有人甚至开始发愁人工智能会给人类带来毁灭性灾难。

本书以大量的事实和严谨的逻辑证明：当前人工智能技术还远远没有成熟，还相当于人类发展的旧石器时代。尽管计算机在计算、存储等单一方面的智能远远超过人类，但其综合智商依然很低；尽管计算机在下棋中战胜了人类的世界冠军，但其运动能力还不如三岁儿童；尽管机器已经有了很快的信息处理能力，但基本上还没有综合判断能力，等等。机器的计算、存储能力的确是远远超过了人类，机器的信息传输和搜索速度也的确让人望尘莫及，但这并不意味着机器比人更聪明。机器能够替代和超越人类的，只是比较简单的智能行为。人工智能，与人类智能并非一回事。人类有目的和意识，而机器没有目的和意识。总之，机器仍然只是机器，虽有智能，但是也只是比较单一的信息处理能力，综合智商远远比不上人类甚至其他动物。这跟以往机器超越人类某一方面能力的情况相比并无本质区别。人工智能只能辅助人而不能完全代替人。但是，我们也不能忽视人工智能发展给某些人带来的影响，正如作者的告诫：如果你的行为和思考方式都像一台机器，你的存在已然多余，机器可以做得比你更好。

在这个喜欢热闹炒作的浮躁时代，人们对人工智能大都有着满腔热情和浓厚的兴趣，而缺乏深入了解与冷静分析。本书作者的冷静和理智令人佩服。他独辟蹊径、深入思考的精神，对我们以科学严谨的态度来研究当前人工智能的发展非常有启发。

前 言

当越来越多的作家、发明家以及企业家不断折服于多个科技领域——尤其是人工智能领域所取得的巨大技术进步时，他们也在争论，是否人类正在迈向超人类智能机器兴起的“奇点”时代。而与此同时，各路媒体也热衷于报道那些能够执行复杂任务的机器的新闻，从击败国际围棋大师到驾驶汽车，从准确识别出视频中的猫再到在电视问答节目中表现得超越人类专家。这些故事重新燃起了人们对于创造出像人类一样聪明的人工智能机器的热情，但是同时，公众也不免对此感到担忧，害怕这些智能机器会伤害到人类，至少可能会抢走人类的饭碗。

首先，我写这本书是为了使各种人工智能的形式接受“现实的检验”。我认为，当社会不断被功利性的爆炸性新闻所充斥，而学术界日益追逐用研究成果成立硅谷式的初创企业的时候，一般意义上的技术进步，尤其是计算机科学上的进步，往往处于被高估的境地。所以，我要纠正一些激进的观点和错误的概念，在你理解我的解释之前，我抛出的这些言论有可能会产生争议。我认为，自其问世以来，（真正的）人工智能所取得的所谓（真正的）进步始终微不足道，而其中颇具讽刺意味的是，计算机（的计算能力）却日新月异。

一般情况下，人类经历的每个时代都倾向于夸大当时这个时代的独特性。技术正以前所未有的速度进步，而这正是奇点理论提出的前提。我相信之前的人类历史上肯定存在过其他加速技术进步的时代，所以没有必要争论我们所处的时代是否真的特殊。我们对过去了解越少，就越有可能被当前时代的发展所蒙蔽。

当然，我们的时代的确有很多变化。但变化并不一定总意味着进步，或者说，并不意味着每个人都能取得进步。相比普通创新而言，颠覆性创新往往意味着破旧立新，为消费电子行业创造更为巨大的新市场。而这与机器智能没有太多的关系，有时甚至可以说与创新无太多关系。

另外，还有一个更加形而上学的理论认为，人类智能从某种形式上看已经发展到了进化的顶点。若果真如此，我们就需要格外警惕：非人类智能已经出现，并且正在以异常迅猛的速度增长。不过，这种智能并不只是机器：无数的动物都具备最聪明的人也不具备的本领。执行“超人类”任务的机器由来已久。想想大约1000年前发明的时钟吧，它能够完成人类不能完成的任务：方便地告诉人类两件事情中间到底间隔了多少小时、多少分钟甚至多少秒。

所以，一旦认识到非人类智能其实一直存在于我们周围，而且我们早已在数百年以前发明了超人类的机器，从历史和生物学的角度重新审视超级智能机器就显得非常有必要了。

如今的年轻一代以及他们的上一代人没有经历过几十年前人工智能领域的唇枪舌剑（譬如“图灵测试”“机器中的幽灵”“中文房间”等）。因此，新的人工智能专家更容易在年轻一代的心中留下深刻印象。在我撰写的《*Thinking about Thought*》一书中，我已经总结出了若干类针对机器智能的不同哲学论点，既有赞同，也有批判，在此不再赘述。但至少有一点我会提醒刚刚接触人工智能的年轻人，在我“成长”的年代（基本与认知科学的发展平行），“智能”一词在大众书籍中就已不再代表“炫酷”，它被这些书籍过度滥用，词意暧昧不清、定义界限不科学，它也慢慢不再适合学术研究。令人遗憾的是，如今，这个词再一次被滥用，而且，和当年的情况一样，对“智能”依然没有明确的定义。如果你用这个问题问一百位心理学家，你会得到一百个不同的定义。问哲学家，他可能会扔给你一本异常晦涩难懂的大部头书，让你自己体会。而问神经生物学家，他们可能会完全置之不理。

这就是我们在讨论“奇点”时面对的所有问题的根源：“奇点”和“超人类智能”是在非科学语境下诞生的非科学术语。

而“人工智能”一词则更加混乱，衍生出许多千变万化的含义。在本书中，Artificial Intelligence（首字母大写）指的是人工智能这门学科，用 artificial intelligence（全部小写）指的是智能机器或者智能软件。同样的，人工智能专家们也使用强人工智能（Artificial General Intelligence，简称 AGI，也被译作通用人工智能）这个词指代能够执行人类智能行为的机器，而不仅仅局限于单纯某一项智能化的本领。

而且，我认为任何与机器智能相关的讨论都应该以人类智能的重要进步（更重要的？）作为补充，而这些人类智能的发展则是以机器智能的发展为原因。相对于机器智能的发展，人类智能的这种转变可能会对人类文明进步产生更大的影响。也就是说，机器人类化的计划尚未成功，而人类（通过无数的规则）机器化则成果斐然。

我的观点与很多曾经或者正在撰写人工智能书籍的作家稍有不同：我是一个历史学家，而非未来学家。所以我可能无从知晓未来，但至少我通达过去。

另外，我对从社会学/人类学角度解读这一问题深感兴趣：人类似乎先天倾向于相信某种更高形式的智能存在（例如神、圣人、不明飞行物等），而奇点（Singularity）可能仅仅是这些形式在后宗教的 21 世纪的最新表现。

然而，大多数人其实并不真正关心如何称呼它：他们不惧怕那些可能会杀死人类的机电怪物，只是对那些可能会抢夺他们的工作、越来越聪明的机器战战兢兢。这在我看来也是夸大之词。新型机器总会创造更多的就业机会并且带来薪酬更丰厚的工作。我始终没看出来这次与以往的变革有什么差别。单纯地从理性角度看，很显然更智能的机器肯定会创造更多的就业机会，提供更丰厚的工作报酬。

所有这一切都充分说明了我不害怕人工智能的原因：

1. 实际情况证明人工智能的大多数成就并没有那么可怕；

2. 大多数机器表现出来的智能化水平实际上取决于人类为它们建立的环境的结构化程度；

3. 我们感受到的这种高速发展在历史上并不罕见；

4. 我们周围始终不乏超人类（或者更恰当的说法是“非人类”）智能；

5. 相对于机器智能，我更关心人类智能的未来。

实际上，人类是需要智能机器的。技术上的进步已经帮助人类解决了很多问题，但仍有很多人死于疾病和危险的工作。而且，随着社会不断地步入老龄化，人类会比以往更加依赖技术革新。所以说我并不害怕“智能”机器的到来，我害怕的是他们来得太晚。

本书从2013年9月开始写作，2016年6月正式完成此修订版。

注：本书中很多关于奇点的叙述与雷·库兹韦尔（Ray Kurzweil）的某些理论有很多联系，在此声明此书并非针对他本人的公然驳斥。虽然我不同意雷·库兹韦尔在人工智能方面的某些乐观言辞，但我非常钦佩他，他是目前人工智能领域能作出经得起检验的预测的为数不多的科学家之一。

目 录

Chapter
1

第一章

人工智能的起源——历史、社会学与大脑

1. 人工智能的社会学背景

历史学家、科学家、哲学家和诗人都曾记载了人类对无限性的追求。这在过去（或多或少）意味着他 / 她努力追求与创造和主宰世界的神融为一体。后来，随着无神论在西方文明中逐渐占有一席之地，亚瑟·叔本华将此概念重新定义为“权力意志”（will to power）。弗里德里希·尼采（Friedrich Nietzsche）认为西方社会的神已死，他们对于无限性的追求从神秘存在转向数学以及科学研究。大约一个世纪以前，伯特兰·罗素（Bertrand Russell）和大卫·希尔伯特（David Hilbert）等欧洲数学家建立了一套逻辑程序，意在简化对事物的可能存在的证明和发现过程。因而人类开始转变看待事物的视角：无限不再是人类必须努力获得的目标，转而变成了人类可以通过创造变为现实的事物。

人类对无限论的一系列的研究产生了诸多影响甚广的成果，其中一项就是数字电子计算机的出现，它是英国数学家阿兰·图灵（Alan Turing）的实验思想的具体实践。阿兰·图灵随后发表了他在机器智能领域的经典论文《计算机器与智能》（*Computing Machinery and Intelligence*，1950），几年之后，“人工智能”一词开始在科学家及哲学家的圈子中流行开来。

1956 年，约翰·麦卡锡（John McCarthy）在麻省理工学院的科学家马文·明斯基（Marvin Minsky）等人的帮助下，在新罕布什尔州的达特茅斯学院成功组织召开了人工智能领域的首届研讨会，这距离世界上首部通用性计算机 ENIAC 问世刚刚超过 10 年。自此，电子计算机开始流行并被媒体称为“电脑”。

奇点的概念通过雷·库兹韦尔的著作《智能机器时代》（*The Age of Intelligent Machines*，1990）以及随后一系列异常成功的公关活动得到普及。这本书认为我们即将迎来机器时代：机器的智能程度远远超过人类，以至于人类既无法控制机器，也无法理解它们的想法。

诚然，人工智能学科在 20 世纪 90 年代和 21 世纪最初 10 年的短暂沉寂之后再次复苏，重新赢得大众及大企业的青睐。人工智能领域所取得的技术成就被主流媒体誉为人类迈向机器主导时代途中留下的脚印，对人工智能初创企业的投资也史无前例地成倍增长。

在这个时代，人们失望地看到人类太空探索的终结、唯一商用超音速飞机的落幕、人类核能源使用率的下降，以及互联网的商业化（它将强大的科技工具彻底转变为营销工具和某种轻娱乐形式），但机器智能似乎至少能让我们确信人类不会进入下一个黑暗时代；与之相反，我们正在迎接超人类时代的曙光。当然，几十年的科幻小说和电影的洗礼已经为这种场景打造了非常理想的受众群。

不过，那些赞成奇点理论的论调和（非常微弱的）论证的确让我们想起了宗教预言，只不过这一次来拯救人类的弥赛亚不再是受外在神圣力量差遣而来的，而是我们自己制造的产品。所以，从某种意义上说，这是一门信仰人类自己创造的神的宗教。

奇点理论的魅力在于它用倒叙法讲述了宗教的历史。传统意义上的宗教会力图从源头上解释神秘的宇宙复杂性、生命的奇迹，以及意识产生的目的。甚至当今一些非常杰出的科学家也赞成“神创论者”的观点，相信世界是由超人类智慧创造出来的。这种理论通常被称为智能设计（intelligent design），但其更合适的叫法应该是超智能设计（super-intelligent design），因为智能（intelligent）一词仅仅指人类智能。宗教的重点恰恰在于相信有人类智能永远无法制造的东西存在，它会设想人类能够发现的所有自然法则都不足以解释宇宙、生命以及灵魂所蕴含的奥秘。任何可以借由数学规律解释的事物，人都能完成和制造，因此也不需要超自然力量的存在。相反，上帝是一种先于人类智能产生并创造人类智能的奇点，而且无限优于人类智能。

幸运的是，这个至高的神有能力，同时也愿意给予我们永生的机会。通常意义上，这种永生就是信徒最终希望从其信仰中得到的东西。而目前的假设——由于超智能机器的发展即将出现奇点——几乎就是这个故事的翻版。过去的奇点（神）被用来解释那些令人费解的问题，而新的奇点（智能机器）却无法解释。人类智能既无法理解过去上帝在创造人类智能时的方式，也无法理解将来人类智能创造超智能机器的方式。

因此，奇点分为两个阵营：乐观派和悲观派。乐观派认为机器最终会将人类带入永生，悲观派则认为机器可能会将人类带向毁灭。我至今还未曾听说有人在这个问题上与大多数宗教人士持相同的观点：好人去天堂，坏人下地狱。显然，奇点理论不会去区分好人和坏人：它要么会杀死所有人，要么将每个人都带入永生（所以，将来金钱可能比善举更容易让人得到永生，因为就我的理解，永生终将成为一种待价而沽或是可租可借的服务，就像目前的云计算服务一样）。

其实，我时常会觉得很难与奇点理论的拥趸们争论，因为他们没有意识到他们探讨的一些问题是老生常谈，其实哲学家和科学家们早已抽丝剥茧地分析过这些问题的利弊。奇点理论最坏的影响无疑是它逐渐成为既不研究历史和哲学，也不学习科学，甚至连计算机科学都不曾涉猎的高科技怪人的宗教信仰。然而，奇点最大的功劳莫过于让普罗大众相信（软件和硬件）机器人时代肯定会到来，尽管对其危害性存在严重夸大的成分。

奇点理论兴起于 2000 年的美国[①]，这绝非巧合。根据 1582 年教皇格里高利（Pope Gregory）颁布的历法，2000 年这一年含有三个零，而许多人预言恰恰是这三个零，即使不是象征世界结束，也表明它本身就是一个重大的历史断点。曾有一段时间，每年关于世界将遭受灾难性毁灭的预言

① 这个国家的人既熟悉世界末日的启示福音和阴谋论，也目击过不明飞行物，甚至还有像诺查丹玛斯（Nostradamus）一样的神秘预言家。

都不绝于耳。其中,(在美国)最为著名的就是哈洛尔德·肯平(Harold Camping)根据《圣经》计算出2011年10月21日是世界末日,以及根据玛雅历法计算出世界末日是2012年12月21日。幸运的是,事实证明他们都是错的。但是这些形形色色的预言培养了公众意识,使他们对技术版本的相同情节的故事(人类社会的终结)着迷。

我绝无讽刺之意,看到硅谷在全新的基础上重新创造一门宗教真是太有趣了。

2. 人工智能简史(一):二进制、专家系统与逻辑派

从普遍意义上来讲,人类对机器智能的研究历史可以追溯到两千年以前古希腊和中国就出现的自动装置,或是一个世纪以前世界首部机电设备的出现。然而对于我来说,机器智能的历史则始于1936年阿兰·图灵提出的"通用机"(universal machine)。虽然图灵本人并没有真正参与制造这种机器,但他意识到,通过模拟逻辑问题的解决方式——处理符号,人类就能创造完美的数学家。其实最早出现的计算机并不是通用图灵机(Universal Turing Machines,UTM),但自1946年ENIAC问世以后的大部分计算机,其设计理念都源自图灵机,这其中也包括现在使用率非常高的笔记本电脑和手机等设备。另外,由于这种机器是基于逻辑运算设计出来的,只支持"真"(true)和"假"(false)两种数值,目前所有智能机器的核心处理器都采用二进制逻辑(1和0)。

1943年,数学家诺伯特·维纳(Norbert Wiener)、生物学家阿图罗·罗森布鲁斯(Arturo Rosenblueth)以及工程师朱利安·毕格罗(Julian Bigelow)合作发表了论文《行为、目的和目的论》(*Behavior*, *Purpose and Teleology*),首次提出了"控制论"的概念,阐述了机器与生物体之间的关系:机器既可以被看成某种形式的生命体,反之亦然,生物体也是某种形

式的机器。

然而，通常情况下，“智能”只是被认为比仅仅“活着”高出一个或多个阶段：（人类）通常认为人类属于智能范畴，而虫子则反之。

另外，阿兰·图灵在他的论文《计算机器与智能》（*Computing Machinery and Intelligence*，1950）中还提出了可以通过测试确认机器具备“智能”的机器思维概念——“图灵测试”，即：如果一个人类测试者在向其测试对象询问各类问题后，依然不能分辨测试对象是人还是机器的话，就可以认为机器是智能的（或者，更乐观地认为，机器的智能水平与人类不相上下）。此后，人工智能领域的专家迅速分为两个派别。

一派是以艾伦·纽厄尔（Allen Newell）和赫伯特·西蒙（Herbert Simon）为代表，他们基本上倾向于智能已经达到数理逻辑的最高形式，并将符号处理作为研究重点，他们共同发表了著名论文《逻辑理论家》（*Logic Theorist*，1956）。这一派取得的第一个大的突破当属约翰·麦卡锡发表的文章《常识性程序》（*Programs with Common Sense*，1959），他认为：“将来随着科技的发展，机器对重复性工作及计算类任务的处理能力会轻松地超越人类，拥有‘常识’的智能才能被称为智能，常识主要源自世界的知识积累。”这篇文章催生了“知识表达”学科：机器如何从世界中汲取知识，并利用这些知识作出判断。这种方法后来被诺姆·乔姆斯基（Noam Chomsky）的理论证实存在一定的合理性。他在语言学巨著《句法结构》（*Syntactic Structures*，1957）中指出，从理论上理解，语言能力源自语言中规定句式表达正确的语法规则。语法规则是表示语言组织方式的“知识”，并且，一旦你具备了这些知识（以及一定的词汇），你就可以用这种语言说出任何句子，包括你以前从来没有听说过或是阅读过的句子。

计算机程序设计的快速发展极大地促进了人工智能领域的突飞猛进，随着计算机符号处理能力的不断提高，知识可以用符号结构表示，推理也简化为符号表达式的处理。这一系列的研究推动了“知识库系统”（或“专家系统”）的建立，例如爱德华·费根鲍姆（Ed Feigenbaum）等人在1965年开发的专家系统程序DENDRAL，这套系统由“推理引擎”（融合了全球数学家所公认的合理性推理技术）和“专家库”（“常识性”知识）组成。在这项技术中，为了创造出专家的“克隆”系统（和人类专家一样专业的机器），就必须从该领域专家那里汲取特定知识。专家系统的局限性在于它们只在某个特定领域拥有“智能”的表现。

而人工智能的另一派则采用截然不同的方法：从神经元和突触的物理层面模拟大脑的工作。以约翰·麦卡锡和马文·明斯基为代表的“逻辑派”相信可以利用数学逻辑方式模拟人类大脑思维的运行方式；“神经网络（或联结）派”则认为可以通过对大脑结构的仿真设计来模拟大脑的工作原理。

20世纪50年代左右，人们对于神经科学的研究刚刚起步（直到20世纪70年代才出现研究生物大脑的医疗机器）。那时候的计算机科学家只知道大脑是由数量庞大的相互连接的神经元组成，而神经学家愈发坚信，“智能”源自神经元之间的连接，而非单个的神经元。可以将大脑看做是相互连接的节点组成的网络，借助于上述连接，大脑活动的产生过程为：信息从感觉系统的神经细胞单向传递到处理这些感觉数据的神经细胞，并最终传递到控制动作的神经细胞。神经系统间连接的强度可以在零到无穷大之间变化，改变某些神经连接的强度，结果可能截然不同。换句话说，可以通过调整连接的强度，使相同的输入产生不同的输出。而对于那些设计“神经网络”的人来说，问题在于连接的微调，能够使网络整体作出与输入相匹配的正确解释。例如，当出现一个苹果的形象时，网络就会反应出“苹果”一词，这种方式被称为“训练网络”。又例如，当向此系统展示很多苹果并最终要求系统产生“苹果”的回答时，系统会调整联结网络，从而识别多个苹果，这被称为“监督学习”。所以，系统的关键是要调整连接的强度。因而人工智能学科中此分支的另一种叫法是“联结主义”

（connectionism）。弗兰克·罗森布拉特（Frank Rosenblatt）在1957年发明的感知机（Perceptron）模型以及奥利弗·塞尔弗里奇（Oliver Selfridge）在1958年提出的“万魔殿”（Pandemonium）理论是“神经网络”的开路先锋：摒弃知识表达和逻辑推理，独尊传播模式和自动学习。与专家系统相比，神经网络是动态系统（可以随着系统的使用场景改变配置），并倾向于自主学习（他们可自主调整配置）。“无监督”网络，特别是感知机，可自主给事物归类，例如，系统能发现若干图像所指的是同一类型的事物（猫）。

通常有两种破案方法。一种方法是聘用世界上最聪明的侦探，他们能利用自身经验，通过逻辑推理，抓到真正的罪犯。另一种方法是我们在案发区域安装足够多的监控摄像头，通过摄像记录发现可疑行为。上述两种方式可能得出同样的结论，只是一种方式使用了逻辑驱动方法（符号处理），而另一种方式使用了数据驱动方法（视觉系统归根到底是一种联结系统）。

1969年，马文·明斯基（Marvin Minsky）和塞缪尔·帕尔特（Samuel Papert）发表了有关神经网络的评论文章《感知机：计算几何学》（*Perceptrons: An Introduction to Computational Geometry*），成为压倒神经网络学科的“最后一根稻草”。与此同时，专家系统开始在学术界崭露头角，赢得科学家的青睐。其中，比较有代表性的是1972年布鲁斯·布坎南（Bruce Buchanan）开发的用于医疗诊断的Mycin专家系统以及1980年约翰·麦克德莫特（John McDermott）开发的用于产品配置的Xcon系统。到了20世纪80年代，随着知识表达取得诸多创新性发展[①]，专家系统在工业

① 特别是罗斯·奎利恩（Ross Quillian）的语义网络，明斯基的框架理论（Frame Theory），罗杰·尚克（Roger Schank）的脚本（Script）概念，以及芭芭拉·海斯罗斯（Barbara Hayes-Roth）的黑板控制结构（Blackboard Architecture）。

及商业领域迅速得到普及和应用。1980年，第一家重要的人工智能初创公司Intellicorp在硅谷成立。

在与联结方法的较量中，符号处理方法凭借着其在算法上的简洁特性逐渐占据了优势，因为联结方法需要占用大量的计算资源，而这些资源在当时是非常稀缺和昂贵的。

3. 人工智能简史（二）：深度学习

基于知识的系统没有按照人们的预期扩展：专家们对构建克隆人类自身（知识）的理念并不怎么感到兴奋。并且，无论如何，“专家系统”的可靠性都不容乐观。

专家系统的失败还由于万维网的出现：成千上万的人类专家随时随地可以在网上解答各类问题，专家系统因此也就失去了存在的价值。现在，你只需要一个强大的搜索引擎。搜索引擎再加上那些世界各地成千上万的网民所发布的数以百万计的信息（免费）就实现了“专家系统”本来应该完成的工作。专家系统是知识表达与启发式推理的高难度智力演练。而万维网远远超越所有专家系统设计者所梦想的知识库规模。搜索引擎虽没有故弄玄虚的复杂逻辑，但仰赖计算机和互联网的速度，它“能”从万维网上找到问题的答案。在计算机程序世界中，搜索引擎简直就是一位“巨匠”，它可以胜任原本专属于艺术家的工作。

不过，需要注意的是，虽然万维网表面上的“智能”（指其能够提供各种类型答案的能力）来源于成千上万的网友的“非智能”贡献，这种方式与无数蚂蚁的非智能贡献缔造了智能的蚁群是一个道理。

回想过去，许多基于逻辑的复杂软件不得不在速度缓慢、价格昂贵的机器上运行。随着机器的价格不断降低，运行速度不断加快，体积不断缩小，复杂逻辑已经过时：仅仅依靠很简单的技术就能实现同样的目的。打个比方，试想一下，假如汽车、司机和汽油都非常便宜，数百万人免费提供商品，那么计算通过哪种方式将商品运送到目的地最划算就显得没有任何意义了，因为可以让多个司机送货，这样可以保证至少有一件货物被准时送达目的地。路线规划和那些训练有素、经验丰富的司机的存在价值将会明显降低，这种情况在目前的消费型社会的很多专业领域已经悄然发生：你上一次找人修鞋或修表是什么时候？

对于人工智能领域的科学家来说，提出颇具创造性的想法完全是出于对当时运行缓慢、体积臃肿以及价格昂贵的机器的妥协。而随着目前机器制造技术的不断改进，他们提出创造性想法的动力就没有原先那么强劲了。所以现在这些科学家最大的动力就是使用数以千计的并行处理器运行数月。创新的重点也逐渐转向协调这些处理器，实现大数据检索。廉价计算机世界需要的机器智能不再是逻辑智能（logical intelligence），而逐渐转向“后勤”智能（“logistical” intelligence）。

同时，在20世纪80年代，概念上的突破也推动了机器人技术的切实发展。瓦伦蒂诺·布瑞滕堡（Valentino Breitenberg）在他的著作《车辆》（*Vehicles*，1984）中写道，智能根本不需要以“智能”行为的产生为前提，而只需要一组传感器和执行器就足够了。随着“车辆”复杂程度的不断提高，车辆本身也会表现出日益发达的智能行为。大约从1987年开始，罗德尼·布鲁克斯开始设计很少或是根本不依赖周遭世界知识的机器人，这种机器人可以什么都不懂，也没有任何常识作为参考，但如果装配有一套合适的传感器和执行器，它仍然能够做有趣的事情。

从20世纪80年代开始，神经网络理论又重新开始流行，并在21世纪初实现指数增长。1982年，约翰·霍普菲尔德（John Hopfield）基于对退火物理过程的模拟，提出了新一代的神经网络模型，正式开启了人工神经网络学科的新时代。这些神经网络完全不受明斯基批判理论的影响。霍普菲尔德的主要成就在于发现其与统计力学之间的相似性。在统计力学中，热力学定律被解释为大量粒子的统计学特性。统计力学的基本工具（很快就演变为新一代神经网络的工具）是玻耳兹曼分布[①]，这种方法可用来计算物理系统在某种特定状态下的概率。站在霍普菲尔德的巨人肩膀上，杰弗里·辛顿（Geoffrey Hinton）与特里·谢泽诺斯基（Terry Sejnowski）在1983年发明了玻尔兹曼机（Boltzmann）[②]，这是一种用于学习网络的软件技术；1986年，保罗·斯模棱斯基（Paul Smolensky）在此基础上进一步优化，并发明出了受限玻尔兹曼机（Restricted Boltzmann Machine）。这些都属于经过严格校准的数学算法，可以确保神经网络理论的可行性（考虑到神经网络对于计算能力的巨大需求）与合理性（能够准确地解决问题）。这里我插播一个历史花絮：约翰·冯·诺依曼和斯塔尼斯拉夫·乌拉姆（Stanislaw Ulam）等人在1946年的一项绝密军事项目中发明ENIAC计算机，模拟蒙特卡罗方法是约翰·冯·诺依曼随后用ENIAC编写的第一批程序之一。

人工智能神经网络学派逐渐与另一个以统计和神经科学为背景的学派融合。朱迪亚·珀尔（Judea Pearl）对此功不可没。他成功地将贝叶斯思想的精髓引入到人工智能领域来处理概率知识[③]。托马斯·贝叶斯（Thomas Bayes）是18世纪著名的数学家，他创立了我们今天还在应用的概率论。不过颇为讽刺的是，他从未公布他的主要研究成果，如今我们称之为贝叶斯定理。

隐马尔可夫模型（Hidden Markov Model）——贝叶斯网络中的一种形式——已经在人工智能领域，特别是语音识别领域得到了广泛的应用。隐马尔可夫模型是一种特殊的贝叶斯网络，具有时序概念并能按照事件发生

① 由约西亚·吉布斯（Josiah-Willard Gibbs）于1901年发现。

② 从技术上说，它可算作霍普菲尔德网络的蒙特卡罗（Monte Carlo）版本。

③ 《牧师贝叶斯的推理引擎》（*Reverend Bayes on Inference Engines*），1982年。

的顺序建模。该模型由伦纳德·鲍姆（Leonard Baum）于1966年在美国新泽西州国防分析研究院建立，1973年被卡内基·梅隆大学的吉姆·贝克（Jim Baker）首次应用于语音识别，后来被IBM公司的弗雷德·耶利内克（Fred Jelinek）采用。1980年，杰克·弗格森（Jack Ferguson）发表的《蓝皮书》（整理自他在国防分析研究院讲课的讲义）在语音处理领域普及了隐马尔可夫模型的统计方法的应用。

与此同时，瑞典统计学家乌尔夫·格雷南德（Ulf Grenander，1972年成立了布朗大学模式理论研究组）掀起了一场概念革命，计算机应用模式（pattern）而不是概念（concept）来描述世界知识。

乌尔夫·格雷南德的"通用模式论"为识别数据集中的隐藏变量提供了数学工具。后来，他的学生戴维·芒福德（David Mumford）通过研究视觉大脑皮层，提出了基于贝叶斯推理的模块层次结构，它既能向上传播，也能向下传播[①]。该理论假设，视觉区域中的前馈/反馈回路借助概率推理，将自上而下的预期与自下而上的观察进行整合。芒福德基本上将分层贝叶斯推理应用于建立大脑工作模型。

1995年，辛顿发明了Helmholtz机，实际上实现了以下设想：基于芒福德和格雷南德的理论，用一种无监督学习算法发现一组数据中的隐藏结构。

后来，卡内基·梅隆大学的李带生（Tai-Sing Lee）进一步细化了分层贝叶斯框架[②]。这些研究也为后来Numenta建立的广为人知的"分层式即时记忆"模型提供了理论基础。Numenta是2005年由杰夫·霍金斯（Jeff

① 《大脑新皮层的计算架构》（*On The Computational Architecture Of The Neocortex II*），1992年。

② 《视觉皮层中的分层贝叶斯推理》（*Hierarchical Bayesian Inference In The Visual Cortex*），2003年。

Hawkins）、迪利普•乔治（Dileep George）以及唐娜•杜宾斯基（Donna Dubinsky）在硅谷成立的创业公司。此外，人们还可以通过另一种方式建立同样的范式：分层贝叶斯信念网络。

直到2006年，杰弗里•辛顿开发了深度信念网络（Deep Belief Networks，DBN）——一种用于受限玻尔兹曼机的快速学习算法，此领域才真正开始腾飞。20世纪80年代到21世纪初，真正发生改变的是计算机的运行速度（和价格）。当辛顿的算法被应用于成千上万的并行处理器上时，其取得了惊人的效果。也就在此时，媒体开始大肆宣传机器学习领域取得的各种巨大成就。

深度信念网络是由多个受限玻尔兹曼机上下堆叠而组成的分层体系结构，每一个受限玻尔兹曼机（简称为RBM）的输出作为上一层RBM的输入，而且最高的两层共同形成相连存储器。一个层次发现的特征成为下一个层次的训练数据。

辛顿等人发现了用多层RBM创建神经网络的方法。上一层会将学会的知识向下一层传递，下一层利用这些知识继续学习其他的知识，然后再向更下一层传递，以此类推。

不过，深度信念网络（DBNs）仍存在一定的局限性：它属于“静态分类器”（static classifiers），即它们必须在一个固定的维度进行操作。然而，语音和图像并不会在同一固定的维度出现，而是在（异常）多变的维度出现。所以它们需要“序列识别”（即动态分类器）加以辅助，但DBNs却爱莫能助。所以扩展DBNs到序列模式的一个方法就是将深度学习与“浅层学习架构”（例如，Hidden Markov Model）相结合。

“深度学习”的另一条发展主线源于邦彦福岛（Kunihiko Fukushima）1980年创立的卷积网络理论。在此理论基础上，燕乐存（Yann LeCun）于1998年成功建立了第二代卷积神经网络。卷积网络基本上属于三维层级的神经网络，专门用于图像处理。

与此同时，大卫·菲尔德（David Field）和布鲁诺·奥尔斯豪森（Bruno Olshausen）在 1996 年共同发明了“稀疏编码”（sparse coding），一种用于神经网络的无监督学习方法，可以学习数据集的固有模式。稀疏编码帮助神经网络以一种有效的方式来表示数据，并且还能用于其他神经网络。

2007 年，约书亚·本吉奥（Yeshua Bengio）发明的“栈式自动编码器”（stacked auto-encoders）进一步提高了数据集中捕获模式的效率。在某些情况下，神经网络会由于数据训练的特点而变成非常糟糕的分类器，这时一个被称为“自动编码器”的神经网络就能通过无监督的方式学习到数据的重要特征。所以，自动编码器属于无监督神经网络的特殊情况，比稀疏编码的效率更高。自动编码器的设计初衷是为了重建输入，因而迫使其中间（隐藏）层对输入形成有用的表达。然后，这些数据表达被神经系统用来完成分类等监督任务。换言之，栈式自动编码器会学习一些数据分布的知识，并提前训练进行数据操作的神经网络。

因此，深度学习的“发明”以及神经网络理论的重振旗鼓与许多科学家的努力分不开。但其中最突出的贡献当属摩尔定律：20 世纪 80 年代到 2006 年，计算机以极快的速度朝着更快速、更便宜、更小巧的方向发展。人工智能领域的科学家能够处理比以前复杂数百倍的神经网络，而且还可以使用数以百万计的数据训练这些神经网络。这在 20 世纪 80 年代简直无法想象。因此，从 1986 年（受限玻尔兹曼机刚刚问世）到 2006 年（深度学习理论发展成熟）之间，正是摩尔定律将人工智能领域的天平从逻辑方法向联结主义方法转移的过程。如果没有计算机在速度和价格方面的日新月异，深度学习将不会变为现实。另外，拥有超级动力的 GPU（图形处理器）在 2010 年以后的价格迅速降低也对深度学习的发展起到了推波助澜的作用。

2012 年，深度学习神经网络领域取得了里程碑式的成就，亚历克斯·克里泽夫斯基（Alex Krizhevsky）与其他几位多伦多大学辛顿研究组的同事在一篇深度卷积神经网络方面的研究论文中证实：在深度学习训练期间，当处理完 2000 亿张图片后，深度学习的表现要远胜于传统的计算机视觉技术。

2013 年，辛顿加入谷歌，而燕乐存加入 Facebook。

花絮：有意思的是，虽然在深度学习领域做出杰出贡献的专家并非生于美国，但是他们最终都来到美国从事相关的工作。其中，燕乐存和约书亚•本吉奥是法国人，辛顿是英国人，吴恩达是中国人，亚历克斯•克里泽夫斯基和伊利亚 • 苏特斯科娃是俄罗斯人，布鲁诺 • 奥尔斯豪森是瑞士人。

深度信念网络是由多层概率推理组成的概率模型。托马斯 • 贝叶斯在 18 世纪提出的定理迅速成为历史上最有影响力的科学发现之一（万幸的是贝叶斯生前从未发表的手稿，在他死后被发现）。贝叶斯的概率理论将知识解释为一组概率（不确定的）表述，而把学习解释为改善那些概率事件的过程。随着获得更多的证据，人们会逐步掌握事物的真实面貌。1996 年，发展心理学家珍妮 • 萨弗朗（Jenny Saffran）的研究表明，婴儿正是通过概率理论了解世界，而且他们能在很短的时间内掌握大量事实。所以，贝叶斯定理在不经意间揭示了关于大脑工作方式的基本原理，我们不应将其简单地当做数学理论。

自 2012 年以来，世界上几乎所有的主要软件公司都纷纷投资人工智能领域的初创公司，其中重要的有：亚马逊（Kiva，2012），谷歌（Neven，2006；Industrial Robotics，MEKA，Holomni，Bot & Dolly，DNNresearch，Schaft，Boston Dynamics，DeepMind，Redwood Robotics，2013—2014），IBM（AlchemyAPI，2015； 还有 Watson 项目），微软（Adam 项目，2014），苹果公司（SIRI，2011；Perceptio 与 VocalIQ，2015；Emotient，

2016），Facebook（Face.com，2012），雅虎（LookFlow，2013），Twitter（WhetLab，2015）等。

2012年以后，深度学习的应用范围迅速扩大，应用于大数据、生物技术、金融、医疗……无数的领域希望在深度学习的帮助下实现数据理解和分类的自动化。

而且，目前多个深度学习平台开放成为开源软件，譬如纽约大学的Torch，加州大学伯克利分校彼得·阿布比尔研究组的Caffe，加拿大蒙特利尔大学的Theano，日本Preferred Networks公司的Chainer，以及谷歌的Tensor Flow等。这些开源软件的出现使得研究深度学习的人数迅速增加。

2015年，德国图宾根大学的马蒂亚斯·贝特格团队成功地让神经网络学会捕捉艺术风格，然后再将此风格应用到图片中去。

从深度学习理论诞生起，围棋一直是最受钟爱的研究领域。2006年，雷米·库伦（Remi Coulom）推出了蒙特卡罗树形检索（Monte Carlo Tree Search）算法并将其应用到围棋比赛中。这个算法有效提高了机器战胜围棋大师的概率：2009年，加拿大阿尔伯塔大学研发的Fuego Go战胜了中国台湾棋王周俊勋；2010年，由一个多地区合作团队研发的MogoTW战胜了卡塔林·塔拉努（Catalin Taranu，罗马尼亚棋手）；2012年，Yoji Ojima公司研发的Tencho no Igo/ Zen战胜了武宫正树（Takemiya Masaki）；2013年，雷米·库伦研发的“疯狂的石头”（Crazy Stone）击败石田芳夫（Yoshio Ishida）；2016年，隶属于谷歌的DeepMind公司研发的AlphaGo击败李世石。各路媒体关于DeepMind获胜的报道铺天盖地。DeepMind采用了稍作修改后的蒙特卡罗算法，但更重要的是，AlphaGo通过跟自己对弈增强自身的学习效果（所谓的“强化学习”）。AlphaGo的神经网络通过围棋大师的15万场比赛得到训练。

AlphaGo代表了能够捕捉人类模式的新一代神经网络。

出乎意料的是，很少有人注意到，2015年9月，马修·莱（Matthew

Lai）推出了一个名为 Giraffe 的开源围棋引擎，能通过深度强化学习在 72 小时内自学掌握下棋。这个项目完全由马修·莱独自设计，运行于伦敦帝国理工学院他所在的系里的一台性能平庸的计算机上（2016 年 1 月，马修·莱受邀加入谷歌的 DeepMind 公司，2 个月后，AlphaGo 打败了围棋大师）。

2016 年，丰田公司向外界展示了一种能自我学习的汽车，这是 AlphaGo 以外深度强化学习实际应用的再一次尝试：设置好必须严格遵守的交通规则，让很多汽车在路上随意驰骋，过不了多久，这些汽车就能自学掌握驾驶本领。

4. 人工智能简史（三）：机器人来了

机器人的故事总是相似的。计算机大幅下降的价格和迅速提高的计算速度，使依据老套的理论设计的机器人成为可能，例如辛西娅·布雷西亚在 2000 年设计的情感机器人 Kismet，Ipke Wachsmuth 公司在 2004 年设计的会话代理“Max”，本田公司 2005 年设计的人形机器人 Asimo，长谷川修 2011 年设计的能学习超出编程设定范围的功能的机器人，以及罗德尼·布鲁克斯 2012 年推出的“可用手编程机器人”Baxter——虽在视频中声音美妙但外形却如古老的夏凯（Shakey，1968 年的一款机器人）一样原始。

相应的生产厂家也发展迅猛，它们能够制造成本低廉的微型传感器以及过去无法制造出来的各式各样的设备，这些设备令机器人的动作大大改观。不过，自从 1969 年理查德·菲克斯（Richard Fikes）和尼尔斯·尼尔森（Nils Nilsson）设计出 STRIPS（Shakey 机器人用到的“问题解决程序”）以后，机器人在概念上的突破几乎为零。真正算得上新进步的只是更高的制造技术和 GPU 的速度。

事实上，在人工智能领域中，机器人的进步几乎是最微不足道的（或最乏善可陈的）。第一辆汽车制造于 1886 年，47 年后（1933 年），在美国已经有 2500 万辆汽车，全世界的汽车大概超过了 4000 万辆，而且这些汽车的性能远远超过了第一辆汽车。第一架飞机试飞于 1903 年，47 年后（1950 年），有 3100 万人乘坐飞机出行，而且这些飞机的配置比第一架飞机好得多。第一次公共的无线电广播出现在 1906 年，47 年后（1953 年），世界上收音机的数量超过了 1 亿台。第一台电视机制造于 1927 年，47 年后（1974 年），美国家庭拥有电视机的比例是 53%，而且大部分是彩色电视机。第一台商用计算机于 1951 年问世并投入使用，47 年后（1998 年），美国有 4000 万家庭拥有计算机，而且这些个人计算机的性能要远远优于第一台计算机。第一部（移动）机器人（Shakey）于 1969 年被演示，47 年后（2016 年），有多少人拥有机器人？在大街上或办公室里，你能看到多少个机器人？

据 Tractica 估计，目前占 280 亿美元市场份额的机器人产业中，大部分是工业机器人——用于生产线的机器人，完全跟智能不沾边。这些机器人永远不会在大街上挺进，攻克华盛顿或巴黎。它们的智能水平（和移动能力）就像你家的洗衣机一样。

柳树车库（Willow Garage），于 2006 年由谷歌早期的设计师斯科特·哈桑（Scott Hassan）创立。它可能是近十年来最有影响力的机器人实验室。2007 年，柳树车库在斯坦福研发出机器人操作系统（Robot Operating System，ROS）并使之得到普及；2010 年，他们制造了 PR2 机器人。ROS 和 PR2 构建了一个规模庞大的机器人开发者的开源社区，极大地促进了新型机器人设计的发展。柳树车库在 2014 年倒闭，离开柳树车库的科学家们在旧金山湾区成立了多个创业公司，继续致力于“个人”机器人的研发。

“遗传算法”，或者更恰当地说是“进化计算”，和神经网络算法的发展齐头并进，前者的发展是后者发展的真实写照。值得注意的是，2001 年，尼古拉斯·汉森（Nikolaus Hansen）推出名为“协方差矩阵适应”

（Covariance Matrix Adaptation，CMA）的演进策略理论，主要对非线性问题做数值优化。目前，这个理论已被广泛应用于机器人应用程序领域，这将有助于更好地校准机器人的动作。

目前，在全世界的医院中，大约有超过3000个达•芬奇机器人。从2000年桑尼维尔的Intuitive Surgical公司被允许在医院配置机器人设备开始，这些机器人已参与近200万例外科手术。达•芬奇机器人仅仅充当的是手术中的助手：它由外科医生操控。不过，2016年，在位于华盛顿的国家儿童健康系统部门（Children’s National Health System）工作的彼得•金（Peter Kim）推出了一款机器人外科医生——智能组织自动机器人（Smart Tissue Autonomous Robot，STAR），它能够单独执行大部分的手术操作任务（不过所用时间大约为人类外科医生的十倍）。2015年，谷歌和强生公司联合成立了Verb Surgical公司，旨在打造真正的机器人外科医生。

事实上，最先进的机器人是飞机。人们很少会把飞机看做机器人，但它是货真价实的机器人：它能自主完成从起飞到降落的大部分动作。2014年，全球航班数超过850万架次，载客人数达到了8.384亿。根据2015年波音777的飞行员调查报告显示，在正常飞行过程中，飞行员真正需要手动操纵飞机的时间仅有7分钟，而飞行员操控空中客车飞机的时间则还会再少一半。

因此，机器人已经非常成功地担当了“副驾驶”（增强，而非替代人的智能）的角色。

2016年最流行的机器人莫过于谷歌的自动驾驶汽车了，但差不多30年前这项技术就已经问世：1986年，恩斯特•迪克曼斯（Ernst Dickmanns）展示了其制造的机器人汽车“VaMoRs”。1994年10月，他改装的奔驰自动驾驶汽车在巴黎附近川流不息的1号高速公路以130公里的时速前行。2012年，谷歌的联合创始人谢尔盖•布林（Sergey Brin）表示，谷歌有望在5年之内（即2017年）推出面向公众的自动驾驶汽车。有时你以为你看到了未来的模样，但是实际上你甚至对过去一无所知（顺便说一句，谷歌的工程师仍在使用封建时代发明的里程单位“英里”，而不是公制单位里的“公里”，这在我看来真算不上“进步”）。

5. 人工智能发展史的一些注解

其实，在人工智能的发展过程中还存在很多其他理论，但它们并不像专家系统和神经网络那样被人所熟知。

1956 年，在一次著名的人工智能会议上，有人提出了第三种人工智能领域研究方法。雷蒙德·索洛莫诺夫（Ray Solomonoff）提出用于机器学习的“归纳推理机器”（An Inductive Inference Machine）。归纳法就是那种让我们能够举一反三的学习方法。他的方法中借鉴了贝叶斯推理理论，例如，在机器学习中引入概率理论。然而，索洛莫诺夫的归纳推理方法却是不可计算的，尽管其中的一些近似计算可以在计算机上运行。

斯坦福研究所的机器人 Shakey（1969）成为自动驾驶车辆的先驱。IBM 公司的 Shoebox（1964）系统开创了语音识别技术。

约瑟夫·魏泽鲍姆（Joseph Weizenbaum）推出的 Eliza（1966）以及特里·威诺格拉德推出的 Shrdlu（1972）等一系列会话代理程序最早将自然语言处理和会话程序付诸实践。

1968 年，彼得·托马（Peter Toma）成立了 SYSTRAN 公司，实现了机器翻译系统的商业化运作。而实际上，机器翻译学科的发展早于人工智能。1952 年，野浩树洼·巴希里（Yehoshua Bar-Hillel）在麻省理工学院举办了机器翻译领域的第一次国际会议。1954 年，乔治敦大学的利奥·多斯特（Leon Dostert）团队与来自 IBM 的伯特·赫德（Cuthbert Hurd）团队联合演示了一个机器翻译系统，它是数字计算机在非数字领域的最早应用之一（据记载，同样是巴希里，于 1959 年在机器翻译领域再次掀起风浪，揭露了机器翻译不可能实现的证据）。

在完善英戈·雷兴贝格（Ingo Rechenberg）的“进化策略”（Evolution Strategies，1971）理论的基础上，约翰·霍兰德（John Holland）在1975年提出了著名的“遗传算法”（genetic algorithms）理论，这是一种不同的程序设计方式，软件的生成与生物进化规则相当：不是依靠单纯的编写解决问题的程序，而是让一组程序通过自身的演化（根据某些算法）而变得更“合适”（更有效地发现解决问题的方法）。

1976年，理查德·莱恩（Richard Laing）发表了《通过自我检测实现复制的机器人模型》（*Automaton Models of Reproduction by Self-inspection*），提出了通过自我检测实现自我复制的理论范式。27年后，约翰·霍普金斯大学的伽克里特·苏哈克恩（Jackrit Suthakorn）和克莱戈里（Gregory Chirikjian）采用这个理论制造出了一个能基本自我复制的机器人[①]。自1979年以来，科德尔·格林（Cordell Green）一直尝试通过自动编程机制实现原本由软件工程师人工完成的软件编写工作。到了1990年，卡弗·米德（Carver Mead）定义了一种“类神经”处理器，它可以模拟人类大脑的活动。

6. 人工智能研究的动机与假说

我想无论是过去还是现在，人们研究人工智能无外乎以下几个动机。

首先是出于纯粹的科学好奇心。一个世纪以前，一位颇具影响力的德国数学家大卫·希尔伯特（David Hilbert）提出了一个公理化数学的计划，向全世界的数学家提出挑战。从某种意义上说，他的问题是能否编写一个可以帮助所有人解决所有数学问题的程序：只要运行程序，任何数学命题

① 《自主自我复制机器人系统》（*An Autonomous Self- Replicating Robotic System*），2003年。

都能迎刃而解。1931年，库尔特·哥德尔（Kurt Goedel）证明了这个计划不严密，正式回应了希尔伯特提出的挑战。他的结论是：“那样的程序不可能存在，因为至少有一个命题我们无法证明其真伪。”但在1936年，阿兰·图灵则提出了自己的解决方案（即现在熟知的通用图灵机），从而使我们的技术无限接近于希尔伯特梦想中的程序。如今的计算机，包括笔记本电脑、平板电脑甚至智能手机，无一例外都是通用图灵机。而下一步需要知道的就是：是否这些计算机设备具有“智能”。例如，它们是否表现得像真正的人类（通过图灵测试），是否具有意识，甚至超越其创造者的智能水平（奇点）。

第二个动机则是出于纯粹的商业目的。自动化一直是自古以来生产率提高和财富创造的源泉。自动化的程度曾极大地加速了工业革命发展的进程，而现阶段依然是经济发展的重要因素。总有一天人类会被机器所替代。机器可以每周7天、每天24小时全负荷地工作，不会罢工，不必停下来吃午饭、睡觉，也不会生病，甚至没有生气或难过的情绪困扰。在机器的世界里，只有运转和不运转之分。而一旦它们不运转了，我们只需用另外一部机器替代它即可。其实在计算机被真正发明出来之前，自动化早已在纺织行业中广泛应用。洗碗机之类的家用电器实现了收拾家务的自动化，装配线的使用实现了产品生产环节的自动化，农业机械的出现则实现了艰苦的农田劳作的自动化……而这种趋势愈演愈烈。就在我写下这本书时，世界上的很多城市正在使用机器（主要指悬挂在交通信号灯上面的感应摄像机，其能够远程连接到城市交通管理局）代替交通警察指挥交通（并抓住闯红灯的司机）。

第三个动机是人类的理想主义。“专家系统”能提供世界上最优秀的专家所提供的服务。区别在于人类的专家无法在全世界范围提供服务，而专家系统则可以。试想一下，假如我们制造的专家系统能够复制世界上最高明医生的医术，那么这些专家系统就能轻易地为世界上的所有人（不论是富裕还是贫困）提供免费 7×24 小时的治疗。

7. 人脑模拟和智能

神经网络方法背后一直隐藏着一种假设，认为智能以及意识本身均源于大脑的复杂性。它可以追溯到1949年，当时数字计算机时代还没有来临，威廉·格雷-沃尔特（William Grey- Walter）就已经设计出了早期的机器人，称其为 Machina Speculatrix，主要原理是用模拟的电子电路模拟大脑的工作过程。最近，戴维·迪默（David Deamer）也计算出好几种动物的“大脑复杂性”[①]。

我们已知的所有“智能”大脑都是由神经元构成的。但如果大脑的构成物质换成了乒乓球，它还存在同样的智能吗？如果将一万亿个乒乓球联结在一起，会不会产生意识？如果大脑由可以导电的材料构成，结果会怎样？如果把这些材料按照我的大脑中的神经元的连接方式连接，能否得到我们的意识的副本，或者一个至少像我一样“智能”的存在？

而神经网络背后隐藏的假设是，至少就智能而言，构成材料无关紧要，即它未必一定是神经元（人的血肉）。因此，纯粹的联结主义者认为，一个由一万亿个乒乓球构成的系统也同样可能具有像人脑一样的智能，只要它能准确复制人脑中所发生的事情。

8. 用身体来定义人类

大多数机器智能书籍所阐述的内容是基于人类的“大脑中心论”。我承

① 《哺乳动物中的意识与智能研究：复杂性阈值》（*Consciousness and intelligence in mammals：Complexity thresholds*），2012 年。

认大脑是最重要的身体器官（我可以接受身体中的所有器官的移植，但大脑除外），但它可能不符合人类进化的本意。大脑仅仅是维持人类生命状态的众多器官中的一个，人类只有活着，才能结婚和繁衍后代。所以说，大脑并不是目标，而是实现目标的工具罢了。

将人类与机器做比较时，仅仅关注大脑活动其实是绝对错误的观点。人类的确有大脑这个器官，却并不属于大脑的类别：人类应当归于动物的范畴，而动物的区分以身体外形作为评判标准。因此，我们应当基于身体的行为比较机器和人类，而仅仅从资料打印、图形截取以及文件整理的角度对二者进行比较并不具备说服力。实际上，让机器与国际象棋冠军对弈一局很简单，难的是使机器完成我们平时在家里做的事情（我们的身体做的那些事情）。实际上，下棋可比和一群孩子踢足球简单多了。

此外，行动还具备别的含义。例如，孩子们踢足球是出于对足球的热爱。他们尖叫，他们竞争，他们输了球会哭泣，他们会要狠，他们很粗暴。我们会带着感情做事情。但试想在将来的 3450 年（在我看来，这一天终会到来），一个球技超群的机器人会不会也具有这样的感情？简而言之，也许在 50~100 年后的某一天，人类已经开发出能够阅读小说的机器，但这些机器真的理解它们阅读过的内容吗？是否和人类阅读的行为毫无二致？这不仅是机器自我意识的问题，还与机器对所阅读内容的利用方式有关。例如，我在阅读时，可以发现阅读内容与其他文本的相似之处，从中找到灵感写出属于自己的文字，会将喜欢的内容与朋友分享，甚至还会将所有自己感兴趣的内容归档到文件中。需要补充说明的是，那些可以阅读文档并能总结阅读内容摘要的机器（而且人类距离能够实现这一点的那一天还有很长一段路要走）可能仅仅适用于那些愿意使用它的人。

同样，以上这些考量也同样适用于所有的身体活动，而不仅仅是简单的四肢运动。

所以我认为，身体因素是我质疑图灵测试意义的原因所在。在图灵测试中，一部计算机和一个人分别被锁在两个房间内，这无疑是将身体因素排除在外。而我设计的测试——让我们暂时不谦虚地称其为斯加鲁菲测试（Scaruffi Test），则考虑得更为全面：同时给机器人和人各一个足球，然后看哪一组运球的能力更高。在人机对弈的比赛中，打败象棋世界冠军的计算机其实并没有给我留下很深刻的印象（相反，人类给我的触动更大，因为人类对阵拥有无限存储和计算能力的机器，竟然在此之前保持了那么久的不败纪录）。如果有朝一日机器人的运球能力超过了莱昂内尔·梅西（Lionel Messi），会让我更加惊叹。

如果图灵测试将身体因素排除在外，就几乎等同于将人类的基本特征都拒之门外了。所以说，保存在罐子里的大脑并不能真正地代表一个人：它只是解剖课堂上一个可怕的工具罢了。

我想，也许在离我最近的人工智能实验室里工作的朋友们已经设计出了如下的机器人草图：它们灵巧地拦截足球，然后用绝对精准的脚法射门，其力度之大甚至没有任何守门员能成功扑救。但上述场景中的机器人并非通常意义下的"智能"，充其量算是个与钟表和复印机等工具相类似的机器罢了。虽然它们能够完成人类无法完成的一些工作，譬如准确地计时和精确地复印文件，但却无法像梅西一样带球越过防守队员。

插曲：我们可能高估了大脑的作用

就大脑重量与体重之间的比例而言，最高纪录不属于智人（Homo Sapiens），而属于松鼠猴（据研究，松鼠猴的大脑占体重的 5%，而人类只占了 2%），麻雀以微小的差距排名第二。

相比来说，地球上寿命最长的生物（细菌和树）却没有大脑。

9. 智能来自童年

机器就像是一出生就成年的人，这等于你一出生就已经25岁了，而且永不衰老，除非某个器官停止工作。关于人类智能的一个基本事实就是智能来源于人类的童年时代。只有经历童年，人类才会成长为具备书写（或阅读）文字能力的人。其实，人类身体的生理发育与其思维的认知发育并行。发展心理学家艾莉森·高普尼克（Alison Gopnik）在其著作《宝宝也是哲学家》（*The Philosophical Baby*，2009）中指出，儿童与成年人的大脑大相径庭（尤其是前额叶皮层）。她甚至断言，儿童和成年人是两种截然不同的智人类型。他们从身体层面上行使着不同的功能。若抛开形成期，是否能创造与人类智能相当的“智能”还是一个很大的未知数。

艾莉森·高普尼克强调儿童通过“反事实”（假设分析）的过程认识物质世界和社交世界：他们在了解了（生理和心理）世界的运行方式以后，首先会进行虚构（想象的世界与想象的朋友），然后他们了解事物的真实面貌（与世界的互动改变了他们原来的假想，与人的互动改变他们的思维）。当经历儿童阶段时，人类会学会按照世界和其他人设定的规则“智能地”行事。与人类的其他方面很类似，这个运行机制并不健全。例如，我们都曾学会说谎：我们说谎一般是为了改变周围人的想法。以前一位同事曾跟我说：“机器从不说谎。”这就是我认为科学在短时间内还无法创造出智能机器的原因。在所有符合“智能”定义的事情中，说谎是我们从小就学会的事情，还有许多其他事情也是如此。

Chapter
2

Intelligence is not Artificial
Intelligence is not Artificial
Intelligence is not Artificial

第二章

人工智能的现实与幻想——愚笨的机器、暴力计算型人工智能与奇点论

Intelligence is not Artificial
Intelligence is not Artificial
Intelligence is not Artificial
Intelligence is not Artificial
Intelligence is not Artificial

10. 暴力计算型人工智能

尽管人们都在竭力吹捧人工智能，但在我看来，机器的“智能”程度甚至不及大多数的动物。最近，一项有关神经网络的实验被誉为举足轻重的成就——一台计算机经过 120 万张图片的训练最终成功地识别出了视频中的猫（至少好几次）。那么你知道老鼠学习认识猫需要多长时间吗？而且你要知道计算机采用的是目前可能最快的通信技术，而老鼠大脑中的神经元却依然沿用着老旧的化学信号方法。

神经网络最早的应用之一就是识别数字。60 年过去了，我存款时，还经常遇到银行的 ATM 机无法识别支票上的金额的情况，但人却不费吹灰之力就能做到。雷·库兹韦尔因为发明了“光学字符识别”（OCR）技术获得盛赞（言过其实），这项技术可以追溯到 20 世纪 50 年代[①]。即使购买最昂贵的 OCR 软件，并将它用于最简单的场景——识别书籍或杂志上排版最为规则的页面，这些软件也可能会犯下一些人绝对不会犯的错误。然而，更有意思的是，你将页面稍微折一个角，再让软件试着识别：人仍然可以顺利地读取文本，但是市场上那些最先进的 OCR 软件可能会因此“发疯”。

出于同样的原因，目前能够读取潦草的手写字体的机器尚不存在，尽管 20 世纪 90 年代带有手写识别功能的设备就已经面世（GO 公司的 PenPoint，苹果公司的 Newton）。大多数人甚至不知道他们的平板电脑或智能手机也具备这样的功能：因为错误百出，鲜有人问津这个功能。然而，人类（甚至不那么聪明的人）通常却可以不费吹灰之力甚至毫不费力地阅

① 第一代商用 OCR 系统由大卫·谢泼德（David Shepard）的智能机器研究公司推出，后来成为 1953 年邮电局使用的 Farrington 自动地址阅读机的基础配置，而“OCR”一词则最早源自 IBM 公司对其 IBM1418 型光学阅读器产品的称呼。

读其他人的手写体。

识别技术中进步最为显著的当属视觉识别和语音识别。2014 年，李飞飞根据其研究的算法生成自然语言，能够让机器描述诸如“公园里一群人在玩飞盘”等画面。这主要基于大型图片数据集及对其描述的语句。而在 20 世纪 80 年代，在当时的计算机硬件条件下，用如此巨大的数据集来训练神经网络根本不可能实现。即使现在计算机坐拥“暴力计算能力”，这项成果乍听起来还是的确让人觉得不可思议（机器的算法甚至能识别飞盘），但实际上，这些成果仍然与人类的表现相去甚远：我们能很容易地识别那些人是不是年轻人以及许多其他细节。2015 年，谷歌的彼得 • 诺维格（Peter Norvig）在斯坦福举行的 L.A.S.T. 节上向人们展示了一些有趣的图片集，全是机器因为缺乏常识而将其进行了错误标记。

我们的四周经常充斥着机器人胜任各种人类工作的报道，只是大部分的成果都徒劳无功。2013 年 4 月，美国国家航空航天局（NASA）行星科学家克里斯 • 麦凯（Chris McKay）在与我的交谈中，对目前正在进行的无人火星探测任务评价道：“好奇号在 200 天的探测中完成的任务，一个人类专业研究者只需要一个下午就可以完成。”而好奇号已经是人类有史以来制造的最为先进的机器人探险家了。

现在“深度学习”人工智能领域的研究内容很简单，就是罗列大量的数字进行运算。这是一种很聪明的大数据集的处理方法，由此可以为数据集分类。但这种方法无需通过颠覆性模式创新来实现，只要提高计算能力即可。

2011 年，由吴恩达创立的“谷歌大脑”（Google Brain）项目正是这种方法应用的最典型例子。2012 年 6 月，谷歌与斯坦福大学组成的联合研究组利用 16000 台计算机组成了包含十亿个连接的神经网络，然后将它部署到互联网，使它通过观看数百万段 YouTube 视频学习识别猫。如果放到 30 年前，以当时计算机的成本、体积和速度，几乎没有人会考虑制造这样的一个系统。从那时发展到现在，变化最大的恐怕就是现在的人工智能领域的科学家可以利用成千上万台强大的计算机来完成他们想要实现的东西。而归根到底这只能算是一种暴力计算方式，复杂性很低或者说根本没有复杂性。它是否能体现人类思维真正的运行方式还有待商榷。16000 台世界上最快的计算机、耗费数月时间来识别一只猫，我们理应对此扼腕叹息。其实这是大脑还未发育成熟的小猫在一秒钟内就能做到的事情。假如那 16000 台计算机能够模拟只有 302 个神经元且突触数目不超过 5000 的线虫大脑的话，还能使我感到些许的宽慰，因为就算是这种级别的大脑，也能相当精确地识别出很多非常有趣的事物。

人类大脑每小时大约消耗 20 瓦能量。我估计以 AlphaGo 1920 块处理器以及 280 块图形处理器的配置，每小时的耗能可以达到 440 千瓦的水平（这其中还不包括训练过程中消耗掉的能量）。但除了下围棋，AlphaGo 还能做些什么？答案是什么事都做不了。而人类除了打游戏之外，还能完成做饭、洗车等无数的事情。AlphaGo 消耗 440 千瓦能量只能完成一件事，而人类只消耗 20 瓦能量则能做无限多的事情。如果一个人使用比你多 20000 倍的资源，却仅仅做了一件事，你到底该怎样定义这类人？所以说 AlphaGo 所做的事情只能被称为“愚蠢”而非“智能”。如果设定人和 AlphaGo 都只能消耗 20 瓦能量，试想一下谁会赢。如果机器需要消耗 440 千瓦才能下围棋，那么完成其他那些围棋大师只靠自身大脑就能完成的事情，譬如开车、做饭、公园慢跑、阅读新闻、与朋友聊文学等，将耗费多少能量？假如机器达到与人类水平相当的能力，需要的机器数量会非常惊人，耗费能量的数量级可能会超过各国能耗之和——15 万亿瓦，我们也许得搭上地球上几乎所有的材料，才能制造出这么多的机器。

暴力计算目前是统治人工智能领域的范式之一。毕竟通过数百万网页的索引，搜索引擎能够为绝大多数问题找到答案（甚至是那些“如何做……”的问题），这是任何专家系统都无法企及的结果。

人们不禁会想，对于20世纪60年代的科学界来说，当时那些缓慢笨重的计算机又何尝不是一种幸事，因为最起码那些古老的机器会迫使计算机科学家们开拓创造新的模型，而不是像现在这样，只会一味地让高速计算机啃嚼数字，直至发现最终的解决办法。

约翰·麦卡锡的那些抱怨不无道理——一旦人工智能解决了问题，世界就不再把它当做“人工智能”了。不过他没有意识到其中的原因：到目前为止，无论何时人工智能解决了一个问题（例如，在围棋比赛中战胜人类大师），人们都会发现这种解决方法并没有任何特别之处，只是在高速计算机上进行了非常复杂的数学运算罢了。如果1 + 1 = 2不是人工智能，那么围棋对弈也同样不属于人工智能的范畴。人工智能现在已经成为“在超级计算机上运行计算密集型程序”的代名词。我们固然会对上述结果惊叹，但我们不会简单地因为它与人类智能有所不同，就把它当做人工智能。人工智能学科的名称本身带有一定的误导性，但这也不能怪我们。

11. 暴力计算型人工智能不会开口说话

最令人沮丧的是，自1970年以来，自然语言处理（NLP）技术始终发展甚微。

下面是发生在1970年的一段人与特里·威诺格拉德（Terry Winorad）的机器人程序SHRDLU（积木世界）之间的谈话。

> 人：找出比你手里的积木更高的那块积木，并把它放到盒子里。
>
> 计算机：对于“它”，我想你指的是比我手里的积木更高的那块积木。
>
> 人：最高金字塔的支座支撑的最短的东西是否支撑着绿色的部分？
>
> 计算机：是的，绿色的金字塔。
>
> 人：它是什么颜色？

计算机：对于“它”，我想你指的是最高金字塔的支座支撑的最短的东西，红色的。

人：尖塔是否……

计算机打断：对不起，我不知道“尖塔”这个词是什么意思。

人：“尖塔”是由两个绿色立方体和一个金字塔堆叠成的一块整体。

计算机：我明白了。

人：那现在看，有尖塔吗？

计算机：没有。

虽然有些难以忍受，但这个计算机的表现还是完胜现在的一些所谓的“个人数字助理”。

实际上，人类已经放弃了让机器理解我们的语言并可以开口讲话的想法，转而反其道而行之：让人类学着像机器一样说话。这正是当你对着电话与一部让你说出数字的机器交谈时，或是当你按照智能手机“助理”的规则与之交流时所要做的。而最能够体现机器智能与人类智能之间差距的，莫过于对比一个蹒跚学步的孩子在两年内掌握语言的丰富程度与迄今为止发明的所有机器在60多年内学习到的所有语言的匮乏程度。

2011年，因在一档智力竞赛类节目中与人类专家同台竞技，IBM Watson机器人在万众瞩目中崭露头角。实际上它并不具备理解口述问题的能力：当时通过文本文件的形式向Watson提问，而非口头提问（当然，这种做法使得整个比赛走了样）。

现在最受欢迎的搜索引擎仍然基于关键字。迄今针对搜索引擎方面取得的进步也主要集中在对网页的索引和排名方面，而在理解用户欲检索内容，或是网站欲传达内容的含义方面却没有太多的建树。例如，当你对着搜索引擎说：“嘿，刚跟朋友聊天时谈到卡扎菲（Qaddafi）想摆脱美元的束缚并因此被杀。”然后看看你会得到什么结果（当我写下这部分文字的时候，谷歌给出的搜索结果排名最靠前的是我自己的网站，上面有一字不差的原句，然后是一系列关于美国大使在利比亚被暗杀的页面）。可见，与一个搜索引擎交流的难度要远远大于与人的交流。

事实证明，市场营销中标榜能够理解自然语言的产品，例如苹果手机的 Siri，让它们的用户备感失望。这些产品仅能理解最基础的声音，而有时其表现与数十年前的同类产品毫无二致。公司承诺产品拥有即时翻译功能（例如三星公司在 2013 年发布 Galaxy S4 型手机时做过如此承诺）。这最终只能沦为使自己难堪并逐渐在客户中失去信誉的笑柄。

公平地讲，人类并不喜欢以耗时的自然语言方式同另一个人讲话，而恰恰是这个简单的事实阻碍了自然语言理解研究的发展。有时，人们喜欢在交谈时直接省略掉“早晨好，感觉怎么样？”这一类的问候语，直接表达“重置我的网络连接”，这个例子表明，跟一部机器直接说“1”往往比必须等着电话接线员拿起电话然后再向他说明你的问题要有效得多。但实际上有谁能真正理解纽约地铁里那些含混不清的广播通知呢？用自然语言交流并非一劳永逸，正如 Siri 用户们很快在智能手机使用过程中所发现的问题一样。不论你喜欢与否，使用机器语言的确可以提高事务处理的效率。因此，在很长一段时间内，自然语言处理研究仍将经费不足，几乎无法得到任何实质应用。直到最近，人们对“虚拟个人助理”方面兴趣的提升又再度让这个研究领域恢复了生机。

机器翻译同样令人失望。尽管现在很多大公司都在持续加大对这一领域研究的投资力度，但最令人满意的在线翻译系统仍局限于正确翻译那些最简单的句子，就像 20 世纪 70 年代的 Systran 系统一样。我从意大利语的旧书里随机找出了几句话，让我们看一看目前最流行的翻译引擎将它们翻译成英文的效果：“Graham Nash the content of which led nasal harmony”，“On that album historian who gave the blues revival”，“Started with a pompous hype on wave of hippie phenomenon”。

提升自动翻译质量的最有效方法是基于统计的机器翻译模型，其最早在20世纪80年代由IBM的弗雷德·耶利内克（Fred Jelinek）团队创建，计算机对大量的（人工）翻译实例进行简单的统计分析，并挑选出最适合的翻译结果。请注意：计算机对句子内容一无所知，它不知道这句话说的是奶酪还是议会选举。但它已经“学会”人类通常以这样那样的方式翻译那些词语组合。所以，当对一句话的（人工）翻译结果充足时，例如从意大利语到英语，统计方法就大有用武之地；而（人工）翻译结果匮乏时，例如从汉语到英语，统计方法则表现平平。

现在看一个实例：“‘Thou’ is an ancient English word”，计算机把这句话翻译成意大利语的结果是“‘Tu’ e’ un’ antica parola Inglese”，很明显这是错误的翻译结果（“Tu”并不是一个英语单词）。翻译的关键是理解原句要表达的真实含义，而不是机械地用意大利语词汇替换掉英语词汇那样简单。假如你理解这句话的意思，你就很自然地将其翻译成“‘Thou’ e’ un’ antica parola Inglese”，也就是说，无需将“thou”翻译出来，或是根据上下文，用意大利语里与“thou”相似的词来代替，例如“‘Ei’ e’ un’ antica parola Italiana”（在这句话里，“ei”实际上的含义相当于英语里的“he”，它与“thou”相似，都是经过几百年的演变，被别的词语所取代）。也就是说，除了句式结构外，机器还需要完全理解句子的含义和意图，才可以给出正确的翻译结果。

（当然，读过这段文字后，至少会有一个软件质量控制工程师会在机器翻译程序中填上几行代码，确保它能正确地翻译“‘Thou’ is an ancient English word”。这种做法恰恰就是我所说的愚蠢的暴力计算型方法。）

美国前总统罗纳德·里根（Ronald Reagan）说过一句著名的讽刺名言，他说英语里最恐怖的九个词就是“I’m from the government and I’m here to help”。机器将其翻译成意大利语后就成了“Le nove parole piu’ terrificanti in Inglese sono’ io lavoro per il governo e sono qui per aiutare’”，可以看出，在

意大利语的翻译中，既不再是九个单词（变成十个），也不再是英语了。正确的翻译应该是“Le dieci parole piu’ terrificanti in Italiano sono’ io lavoro per il governo e sono qui per aiutare’”。否则这条翻译虽然在技术上无可指摘，但其实让人不知所云。

再看一个例子——伯特兰·罗素（Bertrand Russell）悖论：“The smallest positive integer number that cannot be described in fewer than fifteen words”。称其为悖论在于引号中的句子包含 14 个单词。因此，如果这样的正整数存在的话，它可以通过这个只有 14 个单词的句子描述。当将这个悖论翻译成意大利语，就不能仅将 fifteen（15）翻译成“quindici”。首先你需要计算单词的数量。简单地直译成“il numero intero positivo piu’ piccolo che non si possa descrivere in meno di quindici parole”根本无法表达相似的悖论，因为这个意大利语的句子包含 16 个单词，而不是原来英语句子里的 14 个单词。所以你不但需要理解句子要表达的含义，还要梳理清楚这个悖论的本质，才能作出合适的翻译。我还能列举出很多这样的句子（不计其数的错综复杂的句子）。如果不理解这些句子的真实含义而生硬翻译的话，都会或多或少地导致一些错误。

根据物理学家马克斯·铁马克（Max Tegmark）的说法，一个好的回答要答“超”所问。例如我问你“你知道现在几点了吗”，只回答“知道”就不算一个很好的答案，因为我希望你能至少告诉我具体的时间，尽管我没有特别问到这个问题。还有，如果你知道我正要急着去赶火车的话，我希望你能为我估计能否赶上火车，然后告诉我“太晚了，你赶不上了”或者“还有时间，快走”。如果我问你“图书馆在哪儿”，而你不仅知道图书馆在哪还知道图书馆现在还没有开门，我希望你的回答既包括图书馆的位置还要包含“现在没有营业”这个重要信息（因为没开门的话，我到了那儿也没有意义）。如果我问你“海耶斯大街 330 号怎么走”，而你知道这个地方原来是一家很受欢迎的印度餐厅，但是刚刚停业了，我希望你同样能用一个问题来回答“你是在找那个印度餐厅吗”，而不是仅仅回答“在那边”。如果我在国外简单地询问一个关于汽车或火车的问题，当地人可能会不厌其烦地告诉我当地的公共交通系统是如何运行的，因为他们猜测我不知道它的运行原理。

如果一个人不能理解所说语言的全部信息，那么说这种语言也是没有意义的。虽然借助编程能让机器用具体的时间（不仅仅简单地回答“知道”）回答“你知道现在几点了吗”这个问题，也能够用有意义的信息回答其他简单的问题，但人类却能够对所有问题“贯彻”这种回答模式，不是因为有人曾告诉我们要用具体的时间回答上面的问题，要用有意义的信息回答其他的问题，而是我们的智能使然：我们会运用自己的知识和常识对症下药地回答问题。

在短期内，制造可以理解最简单句子的机器仍然困难重重。以目前技术的发展速度，可能需要数百年才能制造出那种机器。但那种机器依然与人类智能相去甚远：人类能一如既往地答“超”所问。

这不仅仅是掌握一门语言那么简单。如果我周围的人都在讲中文，表明他们并没有同我讲话。但如果有人用英语说了句“Sir（先生）”而我恰恰是周围唯一一位说英语的人，我肯定会有所反应。

即使使用最先进的搜索引擎，搜索结果中也会充斥着大量我根本不想看到的商业网页，通过这一点也能大体看出目前自然语言处理领域的发展状态。当我问别人加德满都有哪些历史遗迹时，难道他们会问我“你要不要买点加德满都香水？”实际上通过搜索引擎也完全无从知晓某个机场直通哪些城市，因为它给出的结果都是几百页到这个机场的“廉价”机票购买链接。

以2016年旧金山的一个年轻的创业公司zeroapp.email为例，他们希望用深度学习的方式实现接收邮件的自动归类。作为一个普通人，你会想象他们的软件会先读取邮件，理解邮件内容，然后将邮件分门别类。但如果你是一名人工智能领域的科学家，你会本能地认为这种情况绝不可能发生。软件所做的是研究你查阅邮件的行为，等下一次你收到邮件时，它们会用相似的方式处理。假如你采用相同的方式处理了100封邮件，你极有可能以同样的方式处理其他这种邮件。这种“自然语言处理”不去理解邮件本身的内容：它通过统计方法分析用户过去的行为，然后预测用户将来可能采取的方式。Gmail的优先收件箱也运用了相同的原理，它在2010年正式投入使用，几年间进步显著：这个系统首先会通过观察你的操作进行学习，但它们所学的并非是你所说的语言。

我很喜欢与机器智能迷们讨论一个简单的情景。比方说，你被指控莫须有的谋杀罪。多少年以后你愿意接受12名机器人代替12个人组成的陪审团来审问你吗？乍一听，这像是一个“什么时候你愿意将生杀予夺的大权交给机器人，由它决定你是有罪的还是无辜的”问题，但事实并非如此（我可能更信赖机器人陪审员，因为许多人类陪审员更容易被嫌疑人的相貌、种族偏见以及其他许多的不可预料的因素所影响）。其实这个问题的实质是关于理解法庭辩论、律师，当然还有证人言辞中暗藏的玄机的。所以在很长一段时间内，让12名机器人陪审员完全理解法庭审判过程的概率仍接近于零。

12. 一项失败的试验

在我看来，上一章提到的人工智能发展史上的“注解”其实不仅仅是注解：它们虽以惨败收场，但都源自伟大的思想。实际上，它们也有可能是“正确的”想法：当然，智能机器必须具备用自然语言交流的能力；它也必须能够走动、寻找食物以及保护自己；同样，它还必须能够理解人类说话的内容（每个人在声音上都存在细微的差异）；锦上添花的是，机器软件能够在被编写完成后实现自我“进化”（就像任何形式的智能生命一样）；当然我们还希望智能机器能够自己编写软件（就像我们一样制造其他机器），希望机器能够进行不同语言之间的翻译；最后，如果能制造出一部完全复制人类大脑，其性能与人类大脑性能如出一辙的计算机的话，那将意义重大。

这些想法仍然都没有实现。从某种意义上说，人工智能仍然是一项失败的实验：我们依旧没有找到恰当的方法。

“20 年内，机器将能够胜任人类承担的所有工作”（赫伯特·西蒙，1965）。在当时的历史背景下，这种预测的确略显乐观。不过，我至今还未发现任何迹象让我认为（这位诺贝尔奖得主的）把这一预测放在今天更加合宜。

但请注意一个颇为讽刺的事实，恰恰是人工智能学科促进了计算机的普及和计算机科学的飞速进步。思考型机器的概念，而非计算机有用论，推动了计算机的初步发展。从那时起，人工智能学科研究乏善可陈，但无心插柳柳成荫，计算机成为了走进千家万户的电器。所以说，你的笔记本电脑和智能手机都算是这项失败的科学实验意外产生的副产品。

13. 一种简单科学

每当一名物理学家提出一个新的理论，整个物理学界都会倾巢出动，验证此理论的正确性。只有经过同行的检验才能发表论文，通常论文完成后好几个月才能发表。同样，通常情况下，只有实验经过了其他人的重复还原后，一项科学发现才能真正被接受。例如，当 OPERA 实验项目团队宣称粒子的运行速度快于光速时，整个物理世界一片哗然，都质疑此项发现的正确性，最终成功驳倒了这个观点。此外，CERN（欧洲核子研究组织）同样花费数月时间才逐渐接受希格斯玻色子可能（但不确定）存在的事实。

相对而言，人工智能专家们面对的挑战则小得多。每当他们宣布一项新的研究成果，媒体和大多数人工智能科学家都照单全收。如果哪位计算机科学家宣布她 / 他的程序系统能够识别出猫，那全世界的媒体都会在头条新闻中争相报道，实际上可能根本没有人见过这项系统是如何运行的，也没有人能够亲自去测试或是检测此系统的性能如何：我能不能制作一段猫的视频，然后输入到这段程序中，看看它是否真的能识别猫？当 2012 年谷歌宣称“我们的无人驾驶汽车已经完成了超过 30 万英里的测试”（1 英里约等于 1.6 公里），媒体们除了大张旗鼓地宣传外，没有任何一家对测试提出哪怕是非常简单的问题，例如，“在多长时间内完成的测试”“在什么情况下完成的测试”“在什么路况下完成的测试”以及“在一天的什么时间完成的测试”对于现在的大多数人来说，虽然他们从来没见过真正的无人驾驶汽车，但都认为它在技术上是可行的。而这些人中的大部分却可能根本不相信相对论和量子力学，尽管现在有很多实验都能证实这两个理论的可行性。

2004 年，DARPA（美国国防部先进研究项目署）无人驾驶汽车挑战赛在洛杉矶和拉斯维加斯之间的沙漠中上演（没有实际的交通干扰）。2007 年的 DARPA 城市挑战赛在乔治空军基地举行。有意思的是，几个月后，我的两名受过高等教育的朋友甚至告诉我 DARPA 挑战赛是在洛杉矶交通繁忙的闹市区进行的。而真实情况是，上面的挑战赛根本并不存在。人们相信人工智能系统领域的突破，就像虔诚的信徒看到圣人降临一样，而能拿到的全部证据往往只有一张模糊的照片。

2005 年，有媒体报道称，康奈尔大学的胡迪·利普森（Hod Lipson）设计出第一部“自组装机”（self-assembling machine，2007 年，利普森又设计出第一部“自我意识”机器人）。2013 年，又有媒体报道称，由麻省理工学院的约翰·罗曼尼辛（John Romanishin）、凯尔·吉尔平（Kyle Gilpin）以及丹妮拉·鲁斯（Daniela Rus）研发的 M-blocks（机器魔术方块）系统是世界上第一部自构建机（self-constructing machine）。不幸的是，这些竟无一例外地是被媒体言过其实地大肆渲染。

1997 年 5 月，IBM 公司研发的超级计算机“深蓝”在一场众所周知的比赛中战胜了当时的国际象棋世界冠军加里·卡斯帕罗夫（Garry Kasparov）。不过，这场比赛的不公平之处却很少有人提及：深蓝当时被装备了有关卡斯帕罗夫象棋比赛的大量信息，而卡斯帕罗夫却对深蓝的底细浑然不知；在比赛过程中，IBM 的工程师不断利用卡斯帕罗夫的下棋特点，对深蓝做启发式的调整。而更少提及的是在复赛中，IBM 的程序员被明令禁止在双方比赛过程中修改机器的参数。后来，深蓝（后改名为 Frintz）的新型继任版本虽具备了更强的性能，但既没能在 2002 年击败当时新的国际象棋世界冠军弗拉基米尔·克拉姆尼克（Vladimir Kramnik），也没能在来年击败卡斯帕罗夫本人，两场比赛均以平局收场。让我觉得不可思议的是，尽管机器掌握关于比赛和对手的几乎无限的知识，并且依靠光速般的电路，它能在不到一秒的时间内计算出几乎无限的下棋方案，但它还是无法击败古朴、内存容量和可靠性都有限的人类大脑。对于机器来说，尽管几乎占尽了技术上的优势，但靠什么才能真正战胜人类呢？靠神的帮助吗？然而，在科学界（更不用说在主流媒体中），却几乎没有人对“机器已经战胜世界上最伟大象棋选手”这一观点产生一丝质疑。

如果 IBM 的宣传准确无误的话，深蓝可以每秒计算出 2 亿步棋，而卡斯帕罗夫的大脑每秒只能计算出三步棋，谁更聪明，是每秒仅能计算三步棋的世界冠军？还是每秒能进行 2 亿次计算的机器？如果深蓝是有意识的，它肯定会惊叹：“哇，这个人怎么会这么聪明？”

而深蓝已实现的目标无疑只是比其创造者更擅长棋类对弈。不过，中世纪的时钟又何尝不是如此呢，它能以人类大脑无法实现的方式保持时间的准确。另外，还有很多其他工具和机器也是如此。

其实，在国际象棋比赛中走一招妙棋比成功预测皇马和巴萨的足球比分要简单得多，这是短时期内机器和人类都无法企及的目标。虽然高性能计算机借助暴力计算方式可以赢得一场象棋比赛，但它却无法利用相同手段比酒吧里醉醺醺的球迷更准确地预测比分。最终，当计算机击败象棋大师时，我们思考的仍是那些让 20 世纪 50 年代的公众所惊奇的事物：计算机竟然可以以光速运行这么多次计算，人类完全不可能做到这一点。

2013 年，IBM 研发的 Watson 机器人需要消耗 85 千瓦的能量，而相比来说人类大脑的能量消耗却只有 20 瓦（还是那句话：让人类和机器都以 20 瓦的能量运行，看看谁能赢）。对于 2011 年的那场机器人对阵人类专家的电视直播比赛来说，Watson 储备了 2 亿页的信息，这几乎等于全部维基百科的信息量；另外，为了提高机器人的运行速度，所有的知识都必须存储在读取速度更快的内存上，而非通过硬盘保存。相比来说，与 Watson 对战的人类专家却无法利用上述所有信息。比赛允许 Watson 存储 15PB 的信息，却不允许人类浏览网页或随手配备一个数据库。事实上，从某种意义上说，人类专家的对手不是一部机器，而是一个机器军团，这些机器通力合作，掌握和处理所有的数据。所以，更公平的比赛应是让 Watson 对阵数以千计的人类专家，这样在数据保有量上才算势均力敌。而且，还是前面已经论述过的内容：提供给机器的问题是其方便处理的文本信息，并非通过口头形式。如果根据你对“理解”这个词的一贯理解，Watson 可能一个问题都搞不懂，尽管这些都是最简单的问题，文字简短，含义明确（不像普通的人类语言那样遍布歧义）。而 Watson 不仅没能听到这些问题（尽管问题是通过文字方式输入给 Watson 的），更不用提理解提问者的意思了。另外，比赛还允许 Watson 用光速电子信号按铃，而人类还不得不抬起手指按按钮，这个动作本身就慢了好几个数量级。

过去的几十年来，我亲眼见证了人工智能系统若干个演示版本，它们无一例外要求观众只能看或者听：只有研发人员才能操作这些系统。

此外，部分人工智能领域最吸引眼球的研究是由私营机构的慈善家支持的，很少或者根本没有得到学术界的注意。

在过去，很多人工智能系统从来没有被用于实验室以外的任何场合。所以它们在工业领域的应用几乎为零。

例如，美国《科技日报》在其1999年10月1日的报道中提到："机器显示出了超人类的语音识别能力。南加州大学的生物医学工程师已经研发出世界上第一台语音识别能力超过人类的机器系统。"它指的是西奥多·伯杰（Theodore Berger）团队训练的神经网络。据我所知，该项目已被终止，而且从未进行任何实际的应用。

2015年，微软和百度都宣布各自的图像识别软件的识别效果超过了人类的表现，也就是说，对同一物体的识别中，机器的错误率要低于人类的平均错误率。一般情况下，人类识别图片的平均错误率保持在5.1%的水平。不过，微软在当年年底推出的CaptionBot技术迅速走红，它的成名原因不是可以很好地识别场景，而是在于它犯了人类绝对不会犯的低级错误。至于百度的深层视觉系统（Deep Image system），运行于定制的超级计算机Minwa（包括432块CPU及114块GPUs）上，而面向公众的APP软件却一直无法面世。后来百度因为在世界上最负盛名的图像识别大赛（ImageNet大赛）上因为作弊被取消了参赛资格。图像识别过去一直被认为是谷歌的专长，但其2010年推出的Goggles项目却以失败告终。我在2016年5月的时候又试用了一下Goggles，结果惨不忍睹：除了时钟以外，它对毛巾、卫生纸、水龙头以及蓝色牛仔裤的识别全部错误。虽然谷歌官方宣称其图像识别软件的错误率只有5%，但在我的测试中，其错误率却高达90%。Facebook在2015年推出的DeepFace系统曾因正确识别出97.25%的图片（Facebook对外如此宣称）被媒体广泛报道，欧盟甚至就此警告Facebook要务必保护人们的隐私。不过我在2016年进行了一次测试，这套系统却没有识别出我的5000位好友中的任何一个：看来只有在好友数量不多的情况下，它才能发挥作用。

有时，宣传语就像个笑话。比如说，我开发出一款软件，可以让你提交一个对象的图片，然后图片通过电子邮件被发送给我，我再通过电子邮件将对象的名字回复给你：你对这种软件有没有印象？是的，我说的就是这款在 CamFind 上广受好评的软件。这款软件是 2013 年由洛杉矶的 Image Searcher 公司推出的一个应用，号称能“识别”所有对象。但在大多数情况下，对象的识别工作实际上并非由软件完成，而是由其隐匿在菲律宾的庞大团队疯狂地标记用户提交的图片。还记得几百年前由人伪装成机器的自动机吗？最著名的当属“Turk”机，一部由匈牙利发明家沃尔夫冈·冯·肯佩伦（Wolfgang von Kempelen）在1770年“制造”的象棋大师。（公平地说，微软的 CaptionBot 并非没有一点可取之处：虽然被那些期望机器达到人类水准的人所诟病，但实事求是地讲，它的确超出了我的期望。）

很少有人会去费心地核查人工智能领域流传的那些说法。媒体会从人工智能成功的故事中攫取利益，人工智能领域也会因其鼓吹的巨大进步而从政府和支持者那里获得更多的研究资金。

2010 年，保罗·努涅斯（Paul Nunez）在其著作《大脑、思维以及现实的结构》（*Brain，Mind，and the Structure of Reality*）中对 1 类科学实验与 2 类科学实验进行了区分。其中，1 类指那些虽经不同团队、在不同地点进行重复验证但依然有效的实验，而 2 类则是指在不同实验室条件下结果相互冲突的实验。另外，像目睹 UFO 出现、悬浮故事和驱魔等行为虽是不科学的，但仍有很多人相信他们的说法，我会称之为 3 类实验，即根本不能被其他科学家进行重复实验。而人工智能领域有太多的理论介于 2 类和 3 类实验之间。

在热情的博主和推主（Twitter 用户）的推波助澜下，机器不断实现突破的新闻在全世界迅速蔓延，这与曾经的心灵感应及空中悬浮新闻的传播非常类似：未经过任何证实，仅依靠人们的口口相传就让这些消息在世界范围内迅速传播开来（现在仍有数以百万计的人相信空中悬浮的记载，尽管没有留下任何的影像资料或是目击证人）。人们对于奇迹的信仰总是出奇地一致：他们愿意相信圣人创造奇迹的同时，不断地以一种亢奋状态将这些消息传给周围所有的熟人，既不会核对事情的真伪，也没有表现出任何核对的意愿（地址？日期？当时谁在现场？究竟发生了什么？）。比起人们的“口口相传”，互联网是一个更加强大的消息传播工具。事实上，我认为，针对机器智能的这部分讨论其实无关乎技术，而是要说明万维网是有史以来人类发明的最强大的神话传播工具，以及 21 世纪的人类愿意相信超智能机器时代的到来，与前几个世纪的人类愿意相信魔术师的存在如出一辙。虽然卢尔德避难所朝圣者中疾病被治愈的人们屈指可数（治愈的人都有医学依据），但成千上万的受过高等教育的人在生病、贫穷或是消沉的时候，依然选择前往。1917 年 10 月 13 日，数万人聚集在法蒂玛（葡萄牙），因为圣母玛利亚（耶稣的母亲）告诉三名放羊的小孩说她将于 13 日的正午出现。虽然当时根本没有发生特别的事情（除了雨后太阳突然出来），但全世界都在流传法蒂玛出现了神迹。不管你信不信，2013 年，当一名人工智能的狂热粉丝发表博客称人工智能软件或机器人实现了新的突破，人类向奇点迈出了重要一步时，还是有许多人选择了相信。而像我这样对此心存质疑的人很容易受到别人的非议，正如那些对法蒂玛事件持怀疑态度的人遭遇的一样：“什么？你居然不相信圣母玛利亚出现在那些孩子面前？你脑子没问题吧？”当然，这也将证实真实性的负担转嫁给了质疑者，他们被要求解释为什么不相信神迹（对不起，我指的是“相信机器智能”）。相反，人们不会对发明者 / 科学家 / 实验室 / 公司穷追不舍，要求他们证实确实已经发生奇迹 / 实现突破，并且可以随意重复，正如那些博主所描述的那样。

每当一门新的科学首次实现了巨大的进步时，它的热心追随者总是幻想着现在所有的问题都解决了[①]。

14. 最初的应用程序

然而，人们时常忽略掉机器真正的成就。利用计算机对弈并未给我留下很深刻的印象，但却对计算机预报天气念念不忘。因为大气系统的复杂程度要远远大于棋类比赛。媒体对利用计算机下棋比赛的持续关注，究其原因还是在于更容易向公众解释它的规则，而相应地引导公众理解气流和湍流的规则相当复杂。不过，事实证明，天气预报才是对计算机的最初应用。

对于早期的计算机来说，天气预报是一项“不可能完成的任务”。世界上首次利用计算机进行天气预报还是要追溯到 1950 年 3 月，那时电子计算机还处于发展早期。人们利用当时的计算机 ENIAC，花了大约 24 小时才计算出未来 24 小时的天气情况。天气预报也成了冯·诺依曼利用电子计算方式所进行的一项特别有趣的应用。事实上，这原本就是为冯·诺依曼在普林斯顿高级研究院（IAS）设计的这部机器所设想的“应用”，而且同时提出的“冯·诺依曼结构”至今仍在沿用。

数学家已经知道了解决气象问题的方法，例如，模拟气流需要解决偏微分方程非线性系统的问题——刘易斯·理查德森（Lewis Richardson）在其里程碑式的著作《用数值方法作天气预报》（*Weather Prediction by Numerical Process*，1992）中曾专门阐述了此项研究，数学家认为此领域的问题具有革新性的价值；冯·诺依曼也觉得利用计算机解决天气预报的问题不仅能帮助气象学界，还能证明电子计算机并不是一个玩具。不过，当

---

① 吉尔伯特·赖尔（Gilbert Ryle），*The Concept of Mind*，1949 年。写于人工智能学科问世 6 年前。

时ENIAC的程序所应用的是朱尔·查尼（Jule Charney）设计的方程（见《大气运动的尺度分析》，1948）近似计算[①]。直到1955年才出现用于模拟大气环流的计算机模型，当时，同样来自普林斯顿高级研究院的诺曼·菲利普斯（Norman Phillips）在英国皇家气象学会提出了著名的大气环流模拟方程（见《大气环流》，1955）。

同时，随着1957年第一颗卫星的成功发射，人类预测天气的能力有了显著的提高。到了1963年，一位来自加州大学洛杉矶分校的日本科学家荒川昭夫（Akio Arakawa）又进一步调整了菲利普斯方程，在IBM位于圣何塞的大规模科学计算部门的帮助下，用Fortran语言编写了一项程序并成功地运行在IBM709型计算机上（《用于流体运动方程长期数值积分的计算设计》，1966）。对于自己的计算机能用于解决预测天气这样战略性的问题，IBM深受鼓舞。Fortran编程语言经受住了严峻的考验，Fortran编译器首次被安装到了IBM709型商用计算机上。从这点来说，似乎万事俱备，只待计算机自身性能的提高。不过，就在荒川昭夫研究出第一套颇具意义的天气预报方程的同一年，爱德华·洛伦茨（Edward Lorenz）证明了大气其实属于后来被称为“混沌”的系统分类（《决定性的非周期流》，1963）：人类对大气行为的预测精度是有限的。

事实上，虽然计算机在摩尔定律的框架下发展越来越快，但天气预报模型并没有随之变得更准确。而罗宾·斯图尔特（Robin Stewart）也曾指出：“尽管计算性能呈指数级的增长，天气预测的精度却始终以直线速度发展。”（《计算机驱动下的天气预报》，2003）即使在今天，气象学家也只能预报未来一周的天气。

请注意，不同于机器对弈和机器翻译，目前还不能通过统计分析解决

① 由于ENIAC计算能力不足，当时只能先将查尼的大气运动模拟方程进行简化，然后用数值方法对此方程式进行近似计算。——译者注

天气预报的问题，而只能通过观察当前的天气状况，加上应用（由科学先驱发现的）物理定理来解决。统计分析需要足够的数据样本和相对线性的行为。而天气状况却变化多端，所以诸如大气之类的混沌系统的非线性特征大大提高了天气预报出现严重谬误的概率。但这并不意味着统计分析不能用于天气的预测，它只是众多方法之一。统计分析方法在其他领域也行之有效，但离不开强大计算机的支持。其实统计分析的成功并没有什么神奇之处，正如成功预测天气也不是什么神奇的事情。两者都基于实用的旧式计算数学技术。

15. 不要被机器人所迷惑

人们对机器人的要求标准也非常低。基本上现在所有的遥控玩具（智能程度与 20 世纪 60 年代流行的微型火车差不多）都被誉为迈向机器人时代的重要一步。我经常奉劝机器人爱好者在讨论机器人的进步之前，先去参观一下旧金山的机械博物馆，那里收藏着很多投币式自动机械乐器类的古董……对不起，我的意思是“机器人音乐家”。它们并不符合我们对“智能”的一般定义。

会开车是否算得上具备“智能”的标志？答案也许是肯定的，开车对于人类而言的确是智能行为。如果没有人类的协助，汽车根本无法移动哪怕 1 米的距离。真实的情况是，你首先打开车库门，再停车去拿报纸，然后驶入街上，如果看到有行人过马路，你要停车让行。而现在还没有哪辆车有能力自动完成这些行为。汽车的自动驾驶也仅仅限于适宜的环境：线路标识清晰，车道设置明确，而且车辆制造商还要为它配置精准的导航系统（换句话说，还是要必须有人的帮助）。接下来请想象一下如果汽车电池电量耗尽或是突然出现软件故障，会发生什么情况？如果自动驾驶汽车正要驶入一座桥，这时候恰巧由于地震导致桥梁坍塌，那这辆车会如何处理？很有可能它还是会继续行驶。如果自动驾驶汽车在等红灯的时候突遇持枪男子打破车窗，它会如何处理？很可能不会采取任何措施：因为正在等红灯。还有就是如果你恰巧在自动驾驶汽车里睡着了，那么你死亡的概率会直线上升。人类驾驶员会随机应变，运用经验判断当下的处境，而包裹在车身上的传感器对此一无所知。

在古代，人类就发明了能模仿自身行为的人形机器人，有些机器人甚至还可以执行一些复杂的动作。过去它们是纯机械的。而如今，人类制造的电动机械玩具可以实现各种各样的功能。有一类（微型）玩具看起来像一个骑着自行车的机器人。从技术上来说，这件玩具就是“机器人”。而从哲学上说，不存在骑自行车的机器人。在自行车上面像机器人一样的东西根本就是多余的，它的存在只是为了表明：你完全可以拿掉机器人，然后把这个装置放到车座里或是踏板里。而没有乘客的自行车还是能四处运动并且按照原来的方式保持平衡：即真正控制自行车的并不是设置在自行车上面的物体（它只是虚张声势），而是可以放在自行车任何位置的装置。这个玩具是一个整体：叠放十个机器人，或根本不放机器人与放一个机器人效果完全相同。

那种举手投足与机器人非常相似并可以做一些神奇事情（对机器人来说是神奇，而对人类来说只能算是很普通）的玩具在玩具店随处可见。它不需要智能：仅仅是设计巧妙罢了。当然，这种骑自行车的玩具不会跌倒，即使它一动不动。它被设计成总是保持竖直状态，或者更先进一些，当电池电量耗光的时候它会跌倒。这属于非常陈旧的技术。如果它算是我们概念中的“智能机器”，那它已经由来已久。利用那种技术，我们甚至制造出了能遨游天空的机器。难道这种玩具就代表人类实现了向智能时代发展的质的飞跃？当然不是。它不过是像电视机一样的遥控设备罢了。它从未学习过怎样骑自行车。骑自行车是设计师为它设定的功能。这是它会做的唯一的事情。这些玩具唯一令人惊叹之处在于它的小型化，而不是所谓的

“智能”。

如果你想让这件玩具做一些其他的事情，你就必须为它添加更多不同类型的装置。也许人类有可能（使用现在的技术或是非常古老的机械技术）制造出那种由一百万个不同的装置组成，可以完成人类做的每一件事情，并且体型也与人类非常相似的无线电控制的机器人，但它依然是一个玩具。

而人类（还）不是玩具。

16. 消费者抱怨机器的愚笨：我们在退化吗

你购买了一件电器，结果你必须做一些奇怪的事情它才能运转，很自然地你会把它当做垃圾扔掉。然而，同样的情况发生在计算机和网络身上，你却一改常态，满怀敬畏和尊重地去聆听（或阅读）那些冗长的说明文档，竭尽所能地取悦那部机器。这完全是一种近乎荒谬的行为。

这种对待事物的双重标准也容易滋生一种假象，那就是机器正在变得不可置信地聪明，而实际上大多数情况下机器的质量低劣（由于我们这个时代产品生命周期大大缩短）、设计粗糙。

你永远也不会知道自己“更新”了最喜欢的程序后会发生什么。新版本的发布（即使你觉得老版本非常好用，也很有可能被迫升级新版本）往往会耗费我们很大的精力去适应那些在原来版本中信手拈来的功能（软件厂商只是为了使新版本名正言顺，将软件功能变得复杂化了）。

几周前，我的计算机突然弹出消息：“正在更新 Skype，请稍后，我们正在提高你的 Skype 使用体验。”关键是，他们怎么知道这能提高我的使用体验？当然，他们肯定不知道。软件制造商让用户升级新版本的醉翁之意不在酒：它肯定能提升他们的经验，而能否提升你我的体验还在其次。至少，用户界面上的变化会增加原本习以为常的操作难度。

在我们生活的这个时代，安装一部无线调制解调器就可能耗费一整天的时间，或者“如果你使用移动硬盘太频繁”，它们有可能会在几个月后损坏（这是硅谷最受欢迎的电脑商店里的一位工作人员告诉我的）。

以下是一段我与 Comcast 自动应答客服的对话全文。

“如果您是 Comcast 的客户，请按 1。”[我按 1]

“请输入与您的账户关联的 10 位数字的电话号码。”[我输入我的电话号码]

“谢谢，请稍后，我们正在进入您的账户。”

“技术支持，请按 1。”

“账单情况，请按 2。”[我按 2]

“如果您想要了解有关 Xfinity 的重要信息，请按 1。”[我按 2]

“付款情况，请按 1。”

“余额信息，请按 2。”

“付款地点，请按 3。”

“其他账单问题，请按 4。”[我按 4]

“首次账单情况，请按 1。”

“其他账单问题，请按 3。”[我按 3]

感谢您致电 Comcast。我们目前已停止营业。

（您可点击下列网址收听上述内容：https：//soundcloud.com/scaruffi/comcast- customer-support）

从现有的事实出发，很容易相信我们仍处于计算机科学的石器时代，而很难相信我们即将见证机器的超人工智能时代的到来。

有趣的是，不同时代的人对机器愚笨的反应也各不相同：对于成长过程中没有接触过电子化设备的上一代人，他们可能会变得异常焦虑（因为自动化系统会让某些在手动系统中原本很简单的事情变得复杂）；对于我们这一代人（伴随机器的发展一起成长）来说，会觉得有些烦躁（因为机器还是一成不变地愚笨）；而更年轻的一代不会特别不安；最年轻的一代人会理所当然地认为自动客服本应如此（效率低下或不在线），而且实际上有很多事情（几乎所有需要常识、技能以及那些我们通常称之为“智能”的东西），机器是不可能完成的。

所以，如果有这类书籍的话，《机器愚笨大全》会比《机器智能大全》的内容丰富得多。

顺便说一句，在某些非常重要的领域，我们甚至还没有实现自动化的第一步：无纸化。例如，医疗领域对纸张的依赖性还非常强。医疗档案大都以老式的文件形式保存，并不是由 0 和 1 组成的文件（file），而是硬纸片做的文件。每天我们都会受到“医疗设备和应用程序取得惊人进步，将改变疾病预防、诊断和治疗方式”这类新闻的狂轰滥炸，但我们尚且没有看到医疗档案电子化取得任何进展，目前病人还无法通过一台普通电脑或智能手机获取医疗档案，并且随意进行保存、打印、发送电子邮件或删除。

迄今为止，人们仅仅能做到在某些领域使用只能听懂简单指令的非智能机器（它的理解力不及两岁的孩子）取代一小点人类智能，执行非常简单的任务。

在这个过程中，我们也不断放低对人类智能的要求，沉迷于利用技术简化各种任务（稍后我将对这部分内容进行详述）。当然，许多人对此持相反意见：从更低级的智能角度来看，非智能机器能完成这些功能，是很聪明的表现。

17. 指数增长的产物：奇点

尽管事实如此，奇点专家却深受鼓舞，热情洋溢地预言“机器进化”：很快机器将变得非常智能，接下来它们将超越人类智能，获得一种人类完全无法理解的智能形式。

奇点预言与技术现状之间明显脱节。目前我们还无法企及发现停电原因并修复问题的机器或能修理洗衣机的机器，更别提软件排故。甚至无需人工监督可以操作复杂系统的机器还只停留在设想阶段。奇点理论的一个前提是机器将不仅变得非常智能，而且甚至可以独自制造其他更加智能的机器，但是目前可以编写其他软件程序的软件并不存在。

已实现自动化的工作一般重复性很高并且细小琐碎。在大多数情况下，这些工作的自动化要求用户 / 客户接受劣质（而非优质）服务。人们正在目睹客户支持怎样迅速沦为“祝您使用产品好运”之类的服务。身边的自动化程度越高，你（们）就愈发被迫像一台机器一样与机器进行交互。这恰恰是因为机器仍然非常愚拙。

自动化程度高的原因在于可以节省开支（在人工成本高昂的国家尤为如此，如美国、日本和欧洲各国）：机器比人工便宜。反之亦然，在机器比人工昂贵的地方，看不到机器的身影。我们正在转向网络教育的原因不是大学教授教不好学生，而是上大学太贵了。由此举一反三：在大多数情况下，推动自动化发展的是商业计划，而非机器的智能化水平。

过于乐观的预测建立在计算机运算速度的指数增长以及体积的不断缩小的基础之上。1965 年，戈登 • 摩尔（Gordon Moore）预测，计算机的处理能力将每 18 个月提高一倍（摩尔定律），到目前为止，他的预测不断得到事实的验证。仔细分析之后不难发现，这一预测与软件的关系不大，主要取决于计算机硬件。意料之中的是：关于计算机未来的预测无非在两个方向上大错特错，一是关于硬件的预测过于保守，二是关于软件的预测过于乐观。今天，智能手机的魅力并不在于它们可以完成 20 世纪 60 年代电脑不能完成的事情（它们几乎可以做同样的事情），而在于它们体积小、价格便宜、速度快。只花很少的钱就可以下载手机应用，意味着更多的人可以使用手机应用。这会带来巨大的社会效应，但它并不意味着软件技术已实现概念性的突破。很难说现存的哪个软件程序是 50 年前的 Fortran 语言无法编写的。如果当时没有编写这一程序，其原因可能是成本过于高昂或者一些所需的硬件尚未问世。

推动计算机科学技术快速进步的原因并非是真正的科学创新，而是人工成本。人工成本越高，研发“更聪明”机器的动力越强。那些机器，及其机器背后的技术，其实在 10 年、20 年甚至 30 年前就都已经实现了，只不过那时候采用这些技术的经济价值太低。

诚然，目前计算机的发展的确很快，速度更快、体积更小、价格也更加亲民。假定这种趋势会继续“以指数速度发展下去”（正如奇点专家们即将宣称的那样），这种（硬件）进步足以使机器智能产生令人震惊的飞跃的论点是基于间接假设：更快 / 更小 / 更便宜的机器将首先导致机器获得人的智能，并进一步产生超人的智能。（在奇点论者看来）毕竟，假如你将很多很多很多的愚笨的神经元组合在一起，也能得到像爱因斯坦那样聪明的大脑。如果将上百万块的超高速 GPU 组合放到一块，也可能获得超人类智能。但这只是可能。

无论在何种情况下，我们最好为摩尔定律可能失效的那一天做好充足的准备。虽然摩尔定律被公认在可预见的未来还会继续发挥作用，但它看起来并非前途无量。这不仅仅因为我们即将遇到技术瓶颈。摩尔定律背后的本意是要表明晶体管设备的制造“成本”将持续下降。即使这个领域找到了一种可以继续在芯片上蚀刻数量翻倍的晶体管的方法，这种方法的成本也会很快开始增长：毕竟处理微晶体管的技术本身就造价不菲，更何况散热也已成为超密集电路上亟待解决的主要问题。2016 年，英特尔的威廉 • 霍尔特（William Holt）宣布英特尔将不再生产超越 7 纳米技术的芯片产品，并警告说将来为了节约能源、降低热量（即成本），处理器可能会变得更慢。虽然近 70 年来计算机的体积不断缩小，但是 2014 年，它们又开始向更大发展（例如 iPhone 6 手机）。如果摩尔定律不再有效，那么“暴力计算型人工智能”（例如深度学习）还会不会继续发展？ 2016 年，硅谷人工智能初创企业 CEO 斯科特·菲尼克斯（Scott Phoenix）宣称："在 15 年内，最快的计算机每秒的运算速度将超过所有在世的人类大脑的神经元总和。"如果这种假设没有实现会怎么样？

奇点理论的预言主要是以机器将很快能够执行以前只有人类才能完成的"认知"任务为前提的。不过，这种情况的确已经发生了。而人类对此已习以为常。在 20 世纪 50 年代，当时的早期计算机能够执行历来只有最聪明的、计算速度最快的数学家才能解决的计算问题，后来这些计算机发展迅速，比那些计算速度最快的数学家还要快几百万倍。如果计算不是一项"专属于人类的认知任务"的话，我还真不知道什么才是。从那时起，计算机开始能够通过编程去执行更多的曾经只能靠人类大脑才能完成的任务。而且人类专家根本无法在一个合理的时间内检查机器执行任务的质量。因此，机器可以执行人类无法比拟的"认知"任务并不是什么新鲜事物。要么奇点已经在 20 世纪 50 年代到来，要么尚不清楚究竟什么样的认知任务能够代表奇点时代的到来。

为了评估机器智能的进步程度，人类必须通过给定一些数据，证明机器在今天可以完成的某些事情（某项智能任务）是 50 年以前不能完成的。目前人们在计算机领域的小型化与成本控制方面已经取得显著的进步，这使得今天有可能利用计算机完成一些 50 年以前不会用它完成的工作。这不是因为原来的计算机不够智能，只是当时它们过于昂贵，体积也大得惊人。如果这就是"人工智能"，那么，我们在 1946 年就已经缔造了人工智能。现在的计算机的确可以完成很多原来的计算机无法完成的工作，就像新型号的机器（从厨房电器到机械收割机）可以完成很多原来的旧款不能完成的功能一样。增量式设计方法的进步使得越来越多的高级型号的价格逐渐降低。总有一天会有公司推出带轮子的咖啡机，不但可以冲制咖啡，还能将咖啡送到你的办公桌旁。而下一代型号将包括语音识别功能，可以理解"来一杯咖啡，谢谢"等内容的含义，等等。其实，自从第一代机械工具问世以后，就从未停止进步的脚步。人类用了几十年，甚至几百年的时间才完全掌握利用一门新技术，而“进步”往往意味着掌握一门新技术（基于该技术制造更先进的产品）的过程。iPhone 不是第一款智能手机，谷歌也不是第一款搜索引擎，但我们却都认为它们代表“进步”。

毫无疑问，电动工具的出现加快了技术的进步，而计算机的发明使之如虎添翼。而这些新生事物能否最终成为一种不同类型的“智能”，这很可能取决于你对“智能”的定义。

智能机器将通过以下方式实现奇点：这些智能机器可以制造出比自身智能水平更高的机器，然后这些更智能的机器还能继续制造出更加智能的机器，以此类推。其实早在大约 1776 年，这种简单的循环就已经存在：蒸汽机的出现极大地提高了钢铁产量，而钢铁产量的巨大提升又反过来推动了更高性能蒸汽机的批量生产，这个递归的循环持续了好长一段时间。有意思的是，詹姆斯·瓦特（James Watt）——改变世界格局的蒸汽机的发明者，就曾与约翰·威尔金森（John Wilkinson）密切合作。约翰·威尔金森用瓦特蒸汽机生产钢铁，为瓦特提供制造蒸汽机的钢铁。

今天，这种利用机器制造其他机器的循环在很多领域都很常见。例如，卡车运送给工厂的原材料是为了制造出性能更好的卡车。在这个过程中，人类仅仅被当成正在向更高级机器演变的机器之间的中间人。而这种正反馈的循环既不是新的发展形式，也不一定是“指数增长”。在 19 世纪，这种机器制造（更好）机器——（更好）机器再制造（更更好）机器的循环加速发展了一段时间。最终，蒸汽机（无论经过加快的正反馈循环它变得多么精密）被另一种新型机器——电动机彻底地淘汰。然后同样的场景再次上演，电动机又被电机零件的制造商用来生产性能更优的电动机。

很长一段时间内，我们被那些用于制造更优机器的机器所包围……但人类作为中间人始终担当改进设计的任务。

尽管迄今为止还没有任何一部机器能够完全独立地制造出另一部机器，

也没有任何一款软件程序能自行开发另一款软件程序，但奇点理论的专家们似乎始终对“即将出现一部机器制造另一部机器”“每一代机器都比其前一代聪明”这些论调深信不疑。

我总在担心一个复杂的近乎完全自动化的世界会不会失控。这种担忧与智能水平无关，而主要在于管理这种复杂系统的难度。因为那些复杂的、能自我复制的、难以管理的系统由来已久，例如城市、军队、邮局、地铁、机场、下水道、经济……

18. 证据一览：加速进步的历史比较

在很多当代著作中，一些未来学家和自鸣得意的技术专家都认为人类目前正经历着一个前所未有的快速变革和进步的时代。但仔细想想，我们的时代看起来也没有那么与众不同。

正如我在《*Synthesis*》一书的“退步”一章中所描写的那样：

“我们之所以认为我们正处于一个快速发展的时代，主要因为我们对现在的了解要远远多于对过去的了解。一个世纪以前，在很短的时间内，世界上就出现了汽车、飞机、电话、无线电以及唱片等很多新奇的技术，而几乎在同一段时间，视觉艺术则经历了从印象主义到立体主义，再到表现主义的发展。科学因相对论和量子力学的相继出现而发生了翻天覆地的变化。办公设备（点钞机、加法机、打字机）和电器（洗碗机、冰箱、空调）的普及大大改变了人们的工作生活方式。德彪西（Debussy）、勋伯格（Schoenberg）、斯特拉文斯基（Stravinsky）和瓦雷泽（Varese）则转变了人们对于音乐的理解。”

所有这一切几乎都发生在同一个时代。相比之下，第二次世界大战以来的数年间，人类已经目睹的大多是循序渐进式的创新。例如，我们仍在驾驶着汽车（1886 年发明），仍在打着电话（1876 年发明），仍乘坐飞机

（1903年发明）出行，仍使用洗衣机（1908年发明），等等。汽车仍然有四个轮子，飞机仍然带有两个机翼。我们依然在听着收音机，看着电视。尽管计算机学和遗传学纷纷提出影响力巨大的新概念，而且计算机也已彻底改变了人类生活，但我不知道这些“变化”与人类在天空中翱翔，以及不同居住地的人之间畅通无阻交谈等概念相比较有什么不同。快速而深远的变化早已发生。

计算机科学革命能否与一百年前的电力革命相提并论？智能手机和网络无疑已深深地改变了数百万人的生活，难道电灯泡、留声机、收音机以及厨房电器对世界的改变不比前者更多吗？最起码也与前者不分上下吧？

在过去的50多年间，个人生活的历史可谓是相当的惨淡：我们穿着几乎一样的衣服（以T恤和蓝色牛仔裤为代表），听着相同的音乐（摇滚音乐和灵魂音乐都出现于20世纪50年代），穿同样的鞋子（运动鞋的历史可以追溯到20世纪20年代）跑步，以及乘坐几乎同样（不外乎自行车、汽车、飞机）的交通工具（是的，甚至是电动小巴：底特律电动汽车公司1907年开始制造电动汽车）。

在一个世纪前，公共交通仍然是最普遍的出行方式：电车、公共汽车、火车、地铁。新型交通工具还很少见，并未得到普及：单轨列车（1964年世界最早的单轨铁路在东京出现），超音速飞机（协和式客机在1976年问世，2003年停飞），磁悬浮列车（最早于1984年在伯明翰亮相，随后柏林于1991年推出M-铁路，但实际上2004年建设通车的上海磁悬浮列车是目前唯一运行的高速磁悬浮列车）。“高速子弹列车”（自1964年日本新干线顺利通车后，在西欧及远东得到广泛普及）可能是过去50年间人类唯一一种速度得到显著提升的远距离出行方式。

我们总是习惯性地低估人类在过去几百年间的科技进步，因为我们大多数人对那个时代所知甚少。不过，历史学家们普遍会将下面两个时期认为是人类技术进步最为明显的阶段：首先是被誉为欧洲的黄金世纪（13世纪），当时出现的诸如眼镜、沙漏、大炮、织布机、高炉、造纸、机械钟、指南针、水车、投石机以及马镫等一系列的新奇发明改变了几百年来数百万人的生活。其次是 15 世纪末，一方面，（在众多发明中）印刷机的发明使书籍得到铺天盖地的普及；另一方面，通往美洲和亚洲的长途航海探险开创了一个全新的世界。

“指数增长”这个词通常用来形容我们所处的时代，但麻烦的是，在指数这个概念出现以后，人们已经习惯将其用来描述每一个时代。在每一个时代中，总有一些事情呈现指数增长，但其他事物不尽如此。几乎每一个革命性的技术创新都存在一个“指数”传播的时刻，无论是教堂的钟或风车，还是老花镜或蒸汽机，它们的“质量”在一定的时期内都得到了指数式改进，直到行业整体成熟或被新技术所取代。其实摩尔定律也没有什么特殊之处：只是一个简单的指数增长定律，在原来的很多发明中也很常见。想想收音机的传播速度：1921 年全美国只有大约 5 个广播电台，到了 1923 年就已猛增到 525 个。汽车呢？美国 1903 年只生产了 11200 辆汽车，1916 年汽车生产量就已经达到 150 万辆。另外，美国家庭拥有电话的比例从 1900 年的 5% 激增到 1917 年的 40%。1984 年，只有不到 100 万的数字电视订阅量，但到了 1989 年，这个数字就超过了 5000 万。1903 年，莱特兄弟发明的第一架飞机成功试飞，而经过短短 15 年的发展，到了第一次世界大战期间，法国总共生产飞机 67987 架，英国生产 58144 架，德国生产 48537 架，意大利生产 20000 架，美国生产 15000 架，飞机生产总数达到近 20 万架。1876 年，美国只有 3000 部电话，而 23 年后，这个数量超过了 100 万。尼尔·阿姆斯特朗（Neil Armstrong）在 1969 年首次登上月球，仅仅距离尤里·加加林（Yuri Gagarin）第一次飞离地球大气层不到 8 年的时间。

目前，这些领域大多发展速度已明显放缓。登月后的 47 年里，没有任何人踏上其他星球，甚至在 1972 年阿波罗 17 号以后人类就再也没有重返月球。人类历史有文字记载以来，从其他的古老发明中也不难发现类似于“指数增长”的统计数据。也许每个时代的人们无一不认为那些领域会依照相同的速度不断发展下去。不过，深谋远虑的人一定会预见到每个领域最终都会衰落。在20世纪，能源生产增长了13倍，淡水的消耗量增长了9倍，但是今天，唱衰增长（相对于需求）的专家比认为未来一百年仍会保持同样发展速度的专家要多得多。

此外，我们还应该区分“改变”与“发展”。为了改变而改变未必是“进步”。我的应用软件中大多数的“更新”产生的都是负面影响，另外人们也都明白，当银行宣布要“改变”政策的时候意味着什么。

如果我能随意改变你所有的身体细胞，我可能会自夸这是“非常快速和巨大的变化”，但不一定是“非常快速的进步”。假如总是将改变与进步画等号，就不仅仅是乐观那么简单了：它最终会引向进步的反面。事实上，在无限个可能的改变中，仅仅有极少数改变算得上进步。

电信领域的进步毋庸置疑，但对于普通人来说，1 秒还是 2 秒内发出信息有任何实质性的区别吗？ 1775 年，英国公众在美洲殖民地爆发革命 40 天后才得知消息。而约 70 年以后，由于电报技术的推出，墨西哥爆发战争的消息几分钟就传到了华盛顿。从 40 天缩短到几分钟——这才是真正的技术进步。电报的确是“指数”进步的典型例子。而电子邮件、短信以及网络聊天软件也同样颠覆了人们的远距离交流方式，不过，它们是否引发了电报和电话那样的革命（从数量和质量上来看）还有待商榷。

另外，还有很多“更简单的”领域，我们开始时满腔热情，但往往是半途而废，最后无功而返。失败以及忘却最初的热情对人类来说是家常便饭。例如，美国的照明领域发展突飞猛进，从最初的煤气灯到 19 世纪 80 年代爱迪生的电灯泡和布拉什（Brush）的弧光灯，再到第一只钨光灯，最后到 20 世纪 30 年代的闪光灯，但从那以后，这个领域就鲜有大的技术进步：随着年龄的增长，人们的视力都在减退。我们都明白我们还没有制造出能和自然光相比的人造光，所以需要在晚上戴上老花镜才能看清在白天能轻松阅读的内容。历经一百年的科技进步，人类依然没能研究出媲美太阳光的人造光。

很多技术的“变化”被等同于“进步”，实际上人们并不清楚这些技术究竟算得上哪种进步。这样的例子举不胜举。现在，人一生中拥有的性伴侣的数量大大增加，并且社交网络软件能让一个人朋友遍天下，但我实在不确定这些变化（单纯从数量角度考虑，它能算得上“进步”）能否为人们带来幸福。我也不清楚电子邮件和短信能否给人们带来与电话交谈、鸿雁传书 、贺卡以及邻里互访一样的幸福感。

实际上人们可能认为很多方面是“退步”而非“进步”。我们在计算机上或数字音乐播放器上听低保真音乐，而昂贵的高保真立体声音响早在一个世纪以前就已普及。与老式的线路电话相比，手机的通话质量通常很不理想。尽管我们随时都能买到各式各样的食物，但食物品质却让人担忧。更不用提自动化客户服务系统的“进步”了，它更像是“让用户自己在网页上搜索答案”（尤其是像微软、谷歌、Facebook 一样的高科技软件巨头），而不是“拨打这个号码，专家会帮助你解决问题”。

在互联网发展的早期（20 世纪 80 年代），虽然当时可用的工具还很匮乏，但是互联网上的所有信息都是由专业人士编写的。基本上，互联网上只有专家撰写的可靠信息。而现在，虽然互联网上有更多的信息可以使用，但其中绝大多数不是虚假信息就是广告。所以认为在搜索引擎时代检索信息更简单的想法很不准确。正好相反：在海量的不相干信息和误导信息的干扰下，人们很难辨别哪个网页是本领域最权威专家的观点。而在过去，这个专家的网页往往是唯一存在的内容。如果互联网的出现挤垮了几乎所有伟大的杂志、报纸、广播和电视节目，导致书店和唱片店倒闭，导致人们更难读到和听到本时代伟大的智者的声音，那它本身是否还代表着真正的进步？而同时它是否极大地加强了公司的权力（通过定向广告）和政府的权力（通过系统性监视）？据皮尤研究中心发布的《2013年新闻媒体状况概览》估计："2012年报纸新闻编辑室裁员使整个新闻行业比2000年的鼎盛期缩减30%。对于一直以深度报道著称的有线电视频道CNN，从2007到2012年的5年间，将系列深度报道的策划数量减少了近一半。美国三大主要有线电视频道需要一组工作人员和一个记者完成的日间直播节目，其覆盖率也在2007年到2012年间下降约30%……《时代》杂志成了目前唯一存留的纸媒周刊。"

甚至那些认为复杂性正在逐渐递增的想法也主要依赖于对"复杂性"的模糊定义。智能手机的很多功能的复杂操作是一种奢侈，不能与在丛林里躲避野生动物攻击的难度同日而语，更不能与农民种地时与天气、害虫以及野兽斗争的难度相提并论。人类文明整体的发展历史遵循着尽量减少世界复杂性的原则。文明的含义就是在稳定简单的环境中创造同样稳定简单的生活。从定义上理解，我们称之为"进步"的技术往往能有效地降低复杂性，尽管每一代好像都认为复杂性在增加，其原因在于伴随着那些工具出现了新工具以及新的规则。总而言之，生活已经比石器时代简单（最起码不是更复杂了）多了。如果你不相信我，可以试试独自一人去荒野里露营，不要带食物，只能带着石质的工具。

从某种意义上说，今天的奇点预言家们认为机器"智能"是一个发展永远保持加速且不会变缓的学科。

同样，我认为除了小型化以外，机器的"智能"并没有什么长进（它们的智能与阿兰·图灵发明的"通用机"的智能毫无二致）。摩尔定律（它的确保持了指数发展的态势）与机器智能没有任何关系，它仅仅表示了人类究竟能在一块微小的集成电路上"挤进"多少个晶体管。其实，现在机器能完成的工作（就智能任务而言），一点也不比1950年图灵发表机器智能论文时多多少。真正发生改变的就是今天人们以低廉的成本将异常强大的计算机做成手掌大小的智能手机，也就是所谓的小型化。而将小型化等同于智能就好像将改进的钱包等同于财富。

对人工智能来说，哪个进步更加重要：硬件还是软件？虽然硬件技术（以及材料科学）取得了快速的进步，但对于我来说真正的问题是自二进制逻辑和编程语言问世以来软件技术是否也取得了实质性的进步。而优秀的软件工程师会认为这个问题本身就不成立：软件设计（只是在编程语言中找到执行算法的方法）和算法之间存在差异。计算机是执行算法的机器。人们使用计算机制造智能机器，都在努力寻找媲美或超越人类智能的算法或算法集。因此，真正起到关键作用的既不是硬件也不是软件的进步（这些仅仅是应用型技术），而是计算数学的进步。

库兹韦尔在书中使用了一张名为“计算（能力）的指数增长”的图表，而我则认为这幅图有可能是伪造的，原因在于它用一百年以前的机电制表机作为参照物：这就像将风车与马的力量进行对比。诚然，力量的确实现指数增长，但马力和风力之间的差别并不意味着风车的力量会永远不断地提高。另外，在这张图表中，既未区分硬件进步和软件进步之间的差别，也没有区分软件进步和算法进步之间的差别。所以，我们希望看到的是说明“计算数学的指数增长”的图表。就在我写这本书的时候，大多数人工智能专家们还在探索可以提高自动化学习技能的抽象算法。

还有人认为，实现人工智能的正确方法应该是模拟大脑结构及其神经过程，这种策略可以绕开找寻算法集的艰辛过程。在这种情况下，人们希望看到说明“大脑模拟的指数增长”的图表。然而，所有的神经科医生都会告诉你，人类距离理解大脑运行的方式——即便是最简单的任务——还有很长的一段路。当前的脑模拟项目仅能模拟大脑结构中很小的一部分，相应提供的二进制副本也非常简单：将神经元状态表示为二进制状态，神经递质的种类被减少到只有一种，重点是前馈连接，而非反馈连接，而且，最后但同样重要的是，一般根本没有与身体连接。目前还没有实验室能够复制已知的最简单的大脑——只有 300 个神经元的线虫大脑：从何说起引发对拥有860亿神经元的智人大脑模拟（拥有百万亿数量级连接）的指数发展？自1963年以来[①]，全球科学家就一直尝试绘制出大脑结构最简单的线虫——秀丽隐杆线虫的神经元连接方式，因而开启了名为神经连接组学（Connectomics）的新学科。到目前为止，他们仅能绘制出线虫大脑中负责某些特定行为的子集结构。

如果你认为对大脑过程的精确模拟会产生人工智能（无论你怎样定义"人工智能"），模拟的准确度要有多高呢？神经学家保罗·努涅斯（Paul Nunez）将其称为"蓝图问题"。大脑模拟到哪个地步结束？它在运算级（即模拟大脑的信息交换）结束？还是在分子级（即模拟大脑神经递质，甚至大脑的生理结构）结束？还是在电化学级（即模拟电磁方程和化学反应）结束？还是在量子级（即考虑亚原子效应）结束？

库兹韦尔的"加速回报定律"只不过是一厢情愿地将现在投射到未来，这也是一个数以百万计的人们经常会犯的错误。可惜的是，很多人发现房屋价值上升后，就开始一股脑地买房，还天真地相信这种上升趋势会一直持续下去。从历史上看，大多数技术只是在一段时间内发展很快，然后趋于稳定，最后会以缓慢的速度发展，直到被新的技术淘汰。

我们可能高估了技术的作用。诚然，生产力的提高的确离不开技术的进步，但在我看来，技术以外的因素被严重忽视。例如，圣菲研究所的路易斯·贝当古（Luis Bettencourt）和杰弗里·韦斯特（Geoffrey West）认为，一般来说，一个城市人口的翻倍增长会使其生产力增长130%（《*A Unified Theory of Urban Living*》，2010）。这与技术进步无关，只跟城市化进程有关。在过去50年间，生产力的迅速提高可能与全球的快速城市化关系更大，而与摩尔定律关系较小：1950年，全世界只有28.8%的人口在城市

① 由西德尼·布伦纳（Sydney Brenner）首先提出。

居住，但到了 2008 年，城市人口在历史上首次超过全球人口的一半（世界城市化程度最高的地区在北美洲，高达 82%）。

未来会呈指数增长的预测几乎总是错的。还记得曾有人预测世界人口会“指数增长”吗？1960 年，海因茨·冯·福斯特（Heinz von Foerster）曾预测人口增长将在 2026 年 11 月 13 日星期五接近无限。但现在人们开始担忧实际上人口会萎缩（在日本和意大利已经出现）。还记得西方的能源消耗即将出现指数增长的预测吗？其实十年前能源消耗就已达到了顶峰；而且根据 GDP 比例的计算，能源消耗实际上正在快速下降。还有人类的预期寿命的预言，的确，在 1900 年到 1980 年的西方，预期寿命增长飞快，但从 1980 年过后，它基本停滞不前。人们认为核武器的发明会使战争伤亡数成倍增长：自核武器问世以来，世界的伤亡数达到有史以来的最低水平[①]，像西欧等国家，虽然从 1500 年开始就几乎未停止过战争，但从 1945 年以后，从未爆发大规模的战争。

我曾亲眼目睹了一个领域的快速发展（如果算不上指数发展）：遗传学。这门学科起源于奥斯瓦尔德·埃弗里（Oswald Avery）等人发现 DNA 为遗传物质（1944），后来詹姆斯·沃森（James Watson）和弗朗西斯·克里克（Francis Crick）发现 DNA 的双螺旋结构（1953），在短短 70 年间它取得了长足的进步。1977 年，弗雷德里克·桑格（Frederick Sanger）测定了世界上生物体的第一个完整基因组；1983 年，凯利·班克斯·穆利斯（Kary Banks Mullis）发明了聚合酶链式反应；1987 年，美国应用生物系统公司推出了第一台全自动测序仪；1990 年，威廉·弗伦希·安德森（William French Anderson）进行了世界上第一例基因治疗实验；1997 年，伊恩·威尔穆特（Ian Wilmut）成功地克隆出了一只羊；2003 年，人类完成

① 参见史蒂芬·平克（Steven Pinker）的《人性中的天使》（*The Better Angels of Our Nature*）一书。

了基因组的测序工作；2010年，克雷格·文特尔（Craig Venter）和汉密尔顿·史密斯（Hamilton Smith）对细菌的DNA进行了重新编程。该领域之所以发展日新月异，原因在于突破性地发现了DNA结构。而我认为人工智能领域尚未有同等重要的发现。

经济学家非常喜欢听到发展速度加快的消息，因为它将有助于生产力的提高。生产力提高和人口增长是GDP增长的两大因素。所有发展中国家的人口增长目前都处于停滞状态（甚至在伊朗和孟加拉国等国还出现人口下降）。而且，不管怎样，实际上20世纪劳动力增长的主要来源是女性群体。数百万的女性走向工作岗位，不过现在这个数字已经趋于稳定。

如果科技发展变快，你也会期望生产率增长随之加快。相反，虽然计算机和互联网声势浩大，但在过去30年，生产力平均增长速度仅为1.3%，还不及过去40年的1.8%。杰里米·格兰瑟姆（Jeremy Grantham）等经济学家目前预测未来将遭遇零增长[①]。不只是增速减缓，而是令人震惊的增长停滞。

每当我遇到那些对“机器智能正处在快速发展期”深信不疑的人，我会问他/她一个简单的问题：“机器现在能做但五年前不能做的事情都有哪些？”如果机器的技能正在“加速增长”，那么“20～30年之内它们是否将超越人类智能”这个问题应该很好回答。到目前为止，人们的回答大都集中在精细度提高（例如，流行的智能手机推出的新版本像素更高）和/或言过其实（无论ImageNet比赛的结果如何，“机器可以识别猫”的说法都不成立，因为在大多数情况下，这些应用程序仍会出错）。

1939年，在纽约的世界博览会上，通用汽车公司举办了一场名为“Futurama”（未来世界）的未来科技展，展示了1960年科技进步将怎样改

① 参见《通往零增长之路》（*On The Road To Zero Growth*），2012年。

变生活：那时遍地都是无人驾驶汽车。画外音解释道："它看起来是不是很奇怪？是不是很不可思议？请记住，这就是 1960 年的世界！"但 21 年后，1960 年的真实世界反倒与 1939 年的世界更接近，而展览中的未来世界并未实现。

1988 年 4 月 3 日，《洛杉矶时报》刊登了一篇名为"2013 年的洛杉矶"的文章。文中专家们预测到了 2013 年（当时我正写下这段内容）人们的生活会变成什么样子。这些专家们非常乐观地认为：每个中产阶级家庭平均将有两个机器人来分担包括做饭洗衣在内的所有家务；厨房电器能够完成智能任务；而且，人们都会乘坐自动驾驶汽车上下班。现在你家里有多少个机器人？你会隔多久乘坐自动驾驶汽车出行？

1964 年，艾萨克·阿西莫夫（Isaac Asimov）在《纽约时报》（8 月 16 日）上发表了一篇题为"2014 年世界博览会参观指南"的文章，在文章中，他预测了 2014 年的世界会变成怎样。他大胆地设想 2014 年将实现月球移民并且所有电器都实现"无线"化。

未来往往令人失望。正如本杰明·布拉顿（Benjamin Bratton）在 2013 年 12 月所写的："TED 大会上构想的未来其实很少能美梦成真。"

对于认为科技发展显著的那些人来说，他们既没有意识到其实在他们出生之前科技发展的速度之快，也没有意识到他们对未来的期待究竟有多高，还没有意识到现今的技术完全不足以支撑他们的期待。否则，他们肯定会更谨慎地预测未来的进步。

19. 对退步的辩护

有很多创新，虽然我们承认它们是"进步"，但其实用性却非常令人质疑。下面举一些典型的例子。

所有配备"鼠标"的计算机基本上都要求用户有三只手。

自 20 世纪 50 年代手机问世以来，通话质量一直欠佳。打电话时总要不断问对方“能听得到吗”，像极了黑白电影时代的场景。我相信即使在偏僻的墨西哥小镇，只要在公用电话亭里投上一枚硬币，立马就能畅通无阻地通话。太棒了，既不需要电话合同，也不用反复问“能听得到吗”。

另外，如果在电影院和礼堂等公共场所突然手机铃声大作（机械地不断重复着那几个旋律），也不是什么美妙的体验。

语音识别代表了技术上的改进。人们可以说出数字，而代替在电话键盘上按数字；但现在电话另一边的自动应答系统要求你说出居住城市的名字，或者让你说出“你母亲的父家姓氏”，但你很少说对（尤其是像我这样有异地口音的人），甚至让你说出一串很长的数字（例如我信用卡的 16 位卡号），你要不就一遍遍地对着电话重复直到正确，要不就干脆放弃然后祈祷能连上一个人工接线员。

自动化的收银机也经常意味着结账比挑选商品的时间还要长（如果收银机出现故障，你可能连东西都买不了）。

带有嵌入式芯片的汽车钥匙（“感应器”钥匙）的制作成本要比没有芯片的汽车钥匙高 140 倍以上。

对于专业的电影评论家来说，在 DVD 等数字媒体上看电影往往比观看录影带困难得多，因为一般来说，在模拟信号的录影带（VCR）上进行停止、倒带、快进以及画面定格等操作要比数字文件方便得多。

计算机和汽车上配备的 CD 机只能向里推（而不是拉）才能打开，非常容易坏掉，并且实用的功能不多。如果 CD 或者 DVD 光盘卡在设备里面，就只能用特殊工具才能打开，普通用户也没有这种工具。

原来的大多数便携设备基本都使用 5 号（AA）或 7 号电池（AAA）。出门的时候，人们只需要记得准备好备用电池就行了。现在大部分的相机只支持专用的充电电池：但如果碰到充电电池没电了，又恰好到了一个不能充电的地方（荒郊野岭）或不小心将充电器落在家里，“充电”电池也只能成为摆设。与价格便宜、易于更换的5号电池（AA）相比，我并不认为这是一种进步。我的徒步旅行GPS、头灯和电话机都在使用5号电池。尼康在宣传中也提到它的Coolpix系列相机依然支持随手可得的5号电池（AA），将其作为产品的卖点之一。

很难相信，曾有一段时间（一个世纪前），你打电话还必须要求接线员帮你接通。而现在你只需拨一组10位数的号码，而打国际长途，拨一组13位的数字即可。后来还出现了电话簿，收录了所有电话使用者的电话号码。我还记得20世纪80年代我去莫斯科访问的时候，还嘲笑过那里没有电话簿。随着手机时代的到来，电话簿消失了：你只有通过某个人才能知道别人的手机号码。显然当时的莫斯科代表了将来，而不是过去。

很多空调大楼的窗户都是密封的。夏天虽然外面非常炎热，但房间里却非常寒冷，有时人待在这样的房间里都可能得支气管炎。

说到窗户，如果汽车的车载电池没电了，电动车窗就纹丝不动了（而老式的“下摇车窗”就不会经历这种电池耗尽的尴尬）。

在大多数发达国家，乘坐公共汽车或火车出行时，你需要在机器上买票或是在车上用数额正好的零钱买票。这和过去上车后向售票员买票没什么差别。新款的公共汽车和火车内四季如春：在车上再也不可能拍出非常漂亮的风景照片了，因为车窗根本打不开，玻璃还模糊不清。

数码相机出现以后，打印照片的成本不仅没有降低，反而提高了不少，而且照片打印质量也不是很令人满意。

出租车计价器让人又爱又恨，虽然在发展中国家很罕见，但某些“发达”国家却强制要求。相当于你买了一件不知道价格的东西，用过之后才知道要花多少钱，但那个时候也无法反悔。出租车计价器增加了出行的成本，你无法再按照市场供需规律与司机讨价还价（例如，出租车司机生意惨淡拉不到什么生意时，你也不能跟他讲价）。此外，计价器还会让那些无良的出租车司机故意挑距离远、耗时长的路线，如果事先跟司机谈好价格，情况就大不相同，他会在最短的时间内将你送达目的地。

电脑无数次地弹出 Windows 10 操作系统目前可以升级的提示后，有一天我终于按下了“确认升级”按钮，然后…… Movie Maker 程序就不能用了：它现在总提示我的新笔记本电脑不满足程序安装的最低要求（但事实并非如此）。几天以后，我收到另一条提示说有新的系统升级可用，我立即选择了升级，希望这些新的升级能修复我计算机的问题，Movie Maker 程序能够恢复正常。现在我计算机上最明显的变化就是桌面上所有的图标自动靠左排列，无论我怎么拖拽图标，它们都岿然不动。我试图摆脱“锁屏”功能。上网查询后，我发现很多 Windows 10 用户都被这个“功能”搞得烦躁不堪。而微软网站也没有给出解决办法，不过有个论坛（智能机器时代的“客户支持”）上有几个人给出了解决办法，现摘抄如下。

打开注册表编辑器。

定位到 HKEY_LOCAL_MACHINE\SOFTWARE\Policies\Microsoft\Windows。

新创建一个名为 Personalization 的注册表键。

然后定位到 Personalization 键。

右键单击右侧窗格，选择新建——DWORD（32- 位）值。

命名新值为 NoLockScreen。

然后设置 NoLockScreen 的值为 1。

这就是“去掉 Windows 10 新锁屏的简单步骤”。

其实，这种现象并不专属于 Windows 10，也不是微软软件的专利。几乎所有的软件都有可能出现这种状况。

与过去的设备相比，计算机的操作一点也不直截了当。假如你按照从 CD 机或 DVD 机取出碟片的方式从计算机上拔掉 U 盘的话，你有可能丢失 U 盘内的所有数据，所以你要“安全移除”U 盘。从苹果电脑安全移除驱动的方法是——直接将它扔进垃圾箱！

在有些网站上，图片、动画、弹窗满屏飞，“随便点点”会不经意地让你花费大量时间“闲逛”，而忘记查看本来要寻找的信息。

总而言之，我们这些消费者被动地接受了太多所谓的产品“改进”。

大多数“改进”可能代表进步，但问题是：这个进步对谁有利？过去小偷可能每次只能偷一个钱包，但现在黑客会在瞬间盗走数百万张信用卡号码，这也算得上是一种进步，只是这种进步对谁有利？

我们生活的世界里机器谈不上有多么智能，但却总爱发出“哔哔”声。譬如我的汽车，我没关好车门就启动它会“哔哔”，我没系安全带它也“哔哔”。但请注意，如果出现了更严重的故障，例如电瓶没电或汽油快用完了，却从来没听到它“哔哔”。还有我的微波炉，食物做好了它会“哔哔”，甚至微波炉的门没打开（实际上你取不取食物无所谓，把门打开就行），它可能会永远地“哔哔”下去。再说说我的打印机，启动的时候它“哔哔”，缺纸的时候它“哔哔”，不管出现什么问题（很明显，显示屏上闪烁的信息不足以说明问题有多“严重”）它都会“哔哔”。更甚的是，我的手机会在我关闭它的时候也“哔哔”，有的时候我为了清静会关机：手机用“哔哔”声告诉每一个人它要保持安静了。我认为每部设备的使用手册上都应该配备专门内容指导用户关闭设备的“哔哔”声：“首先，如何一劳永逸地让你的设备保持安静。”

最后，同样重要的是，在数字时代，人们正在失去一些东西，这些东西（广义上说）就是基本的娱乐体验。有一次我在一个发展中国家休假，看着一个女孩从照相馆里走出来后，就迫不及待地打开了装着照片的信封。从她的脸上我看到了属于女孩的最真实的快乐。这种看照片的美妙时光，从她买第一台数码相机那天开始，就将一去不复返了。在电脑屏幕上看照片就没有什么特别之处，将照片导入电脑时缺少了原来的那种焦急等待，也许就是因为她在上传之前就已经看过了。拍照片原有的乐趣也永远地找不回来了，转而被一种全新的冰冷体验所代替：用数字工具把照片修改为自己满意的效果，改变了照片真实的模样，然后将它分享到社交媒体从而满足自己的虚荣心。

直播赛事也是其中的一个例证。直播体育赛事曾经带给我们的奇妙体验在于赛事开始前的焦急等待，以及为支持的球员或球队助威呐喊。然而，当 TiVo 系统问世以后，人们可以很方便地将节目录下来，然后随时都能欣赏到所谓的“直播”赛事。还有很多赛事播放实际上存在一些延迟，因为有时候电视上播放的足球赛还在进行中，而从网上已经能查到最后比分了。因此，“等待”和“助威”不再属于“直播比赛”带给我们的基本体验。观看直播比赛的乐趣在于我们偏执地认为自己的情绪多少能影响比赛结果。如果赛事被录下来（即已经发生），你就不再有这种感觉，而且你还将面对无力影响比赛结果的残酷现实。那么助威呐喊的意义何在？因此，观众也无法全情投入观看比赛。很明显，在她 / 他的内心深处，本场比赛已经结束。观看“直播”赛事的体验，不再有焦虑，而仅剩欣赏。所以，往往如果朋友告诉你那场比赛很烂，那么即使你已经录好了比赛，回家后也不会再看它了。

是的，我知道，Skype、优步以及许多其他的新型服务可以解决或是将要解决这些问题，但问题是，这些工具和功能在其（通常大张旗鼓）问世之初被冠以“进步”的名号。而事实上，诸如 Skype 和优步之类的平台证明了相关领域的整体服务质量下滑，而没有提高，因此使其他人可以借机恢复行业良好的服务水平。

我们应该经常停下来反思一下：那些被称为“进步”的事物是否真的就代表了进步，究竟为谁带来了进步。

插曲：为什么未来主义者总是犯错

因为他们没有回顾过去，就想预测未来。

还因为他们低估了社会对未来举足轻重的影响力。它与技术的“指数”发展相对立。只有那些在车库里的怪咖们才会思考与主流思想格格不入的事情，他们才是真正书写未来历史的人。所以对古登堡、哥伦布、瓦特、孟德尔、爱迪生、马可尼、爱因斯坦、弗莱明、图灵、克里克、伯纳斯-李、沃兹尼亚克、佩奇、扎克伯格等真正改变世界的科学家和发明家，未来主义者完全预测不到他们的出现。

Chapter 3

第三章

人工智能的前景与问题

20. 机器人时代的工作－第一部分：什么摧毁了工作

在 2008—2011 年席卷西方世界的经济衰退中，分析师和普通家庭都在追究哪些因素导致高失业率，当时自动化在发达国家盛行。许多工种退出历史舞台，自动化确实难辞其咎，但它并不是造成高失业率的罪魁祸首，甚至不是主要原因之一。

导致西方世界大量工作机会流失的首当其冲的原因是冷战结束。1991 年以前，真正具有实力的经济体屈指可数（美国、日本、西欧）。1991 年以后，工业化国家的竞争对手数量急剧增加，他们与西方国家的竞争日益激烈。科技的进步可能从人们那里“偷去”一些工作，但与数以百万计的就业机会涌向亚洲相比，这一理由简直不值一提。事实上，如果从全世界范围来看，尽管有评论认为自动化剥夺了数以百万计的就业机会，但与此同时也制造了数量惊人的工作机会。如果堪萨斯州减少了一千个工作机会，但加利福尼亚州产生了两千个就业机会，我们认为这是就业机会的增长。这些评论犯的错误在于将陈旧的以国家为基础的逻辑套用于全球化的世界。计算过去二十年减少或增加的就业机会，我们需要将遍布全球范围内相互联系的经济体系作为一个整体来考量。只谈到美国的就业数据，而对中国、印度、墨西哥（同期）的就业数据只字不提，这样得出的结论会有失偏颇。如果通用汽车公司在密歇根州裁员一千人，但在墨西哥雇用了两千名员工，就不能简单地下结论说“减少了一千个就业机会”。如果美国的汽车行业削减了一万个工作岗位，而墨西哥的汽车行业增加了两万个就业机会，就不能简单地下结论说汽车行业减少了一万个就业机会。在这种情况下，就业机会实际上不减反增。

事实的确如此：美国在世界其他国家创造了数以百万计的就业机会，

而在国内削减了就业机会。究其背后的主要原因，并不是自动化，而是与其相反的廉价劳动力。

其次，导致高失业率的是社会政治因素。西欧的失业率居高不下，尤其是年轻人的失业率高，不是由于技术原因而是因为劳动法条僵化和政府债台高筑。没有解雇员工自由的公司也不愿意雇用员工。债务缠身的政府也无法注入资金以拉动经济。这是我们这个时代西方经济体存在的普遍问题。这与政治有关，与自动化无关。

在科技发展水平方面，德国与美国并驾齐驱。基本所有工作已经实现完全自动化。然而，1985 年到 2012 年间，德国的平均时薪的增长速度是美国的五倍。这与自动化关系不大：而是因为德国的法律。赫德里克·史密斯在《谁偷走了美国梦？》(*Who Stole the American Dream?*) 一书中 (2012) 将其归咎于多种原因，而自动化并不在这些原因之列。

1953 年，日本丰田公司的大野耐一 (Taiichi Ohno) 提出了“精益制造”的理论。这可能是继福特发明装配线之后制造业最重要的革命。尽管如此，日本制造业新增了数百万的就业机会。事实上，丰田后来居上，成为汽车制造行业最大的雇主。即使遭遇“迷失的二十年”(1991—2010)，日本依然保持非常低的失业率。日本可能是拥有数量最多的工业机器人的国家，与此同时也是世界上失业率最低的国家之一。德国的自动化水平紧随其后，也是失业率最低的西欧大国。

导致其他发达国家失业率高的另一个主要因素在于 20 世纪 30 年代在美国兴起的管理科学。它催生了一种现象：现代公司与 20 世纪同等规模的公司相比，需雇用的员工数量是减少的。公司一代比一代“精简”。随着管理方法日益成熟并在公司各个部门畅行无阻，公司在生产 (全球范围) 销售 (使用最有效的渠道) 以及商业周期预测方面更加高效。造成雇用员工数量的减少不是因为自动化，而是由于管理科学化。

2016年5月，Challenger，Gray & Christmas公司对大规模裁员的公司进行了评估。2016年前四个月裁员规模最大的公司是位于得克萨斯州的国家油井瓦高有限合伙公司（National Oilwell Varco），主营石油设备制造。位于裁员排行榜第三位（斯伦贝谢）、第五位（哈里伯顿）、第七位（Chevron）和第十位（威德福）的公司均来自石油行业。它与机器人或人工智能都毫无关系，而是由于创下历史新低的油价。沃尔玛是美国第二大裁员公司，正如所有的零售连锁店一样，原因在于来自电商的有力竞争。与此同时，美国经济每月新增约20万个就业机会，主要集中在高科技领域。虽然英特尔（第四大裁员公司）和戴尔（第六大裁员公司）也都身居其列，但二者均错过了移动革命，并且逐渐被其他公司取而代之。这两家公司的裁员并不是因为工厂的自动化程度提高。

此外，进入21世纪，美国有意限制移民，成千上万的外国人才在美国毕业后，被遣返回原籍国家。这一数字几乎无法估算，但是，美国是鼓励创新、创业的自由市场，大多数工作机会来自创新，而只有极少数出类拔萃的人才在推动创新。每当美国遣返或拒绝吸收一位优秀的国外人才，就等于将潜在的创新者拒之门外，事实上，美国这样也抹杀了成千上万个潜在的工作机会。那些被美国拒绝的人才被困在尚未奉行创业式创新制度或者资本有待成熟的地方。因此人才资源被白白浪费，而在雅虎、eBay和谷歌成立以前，美国的移民政策相对宽松，在那个年代，同等人才的经历则截然不同。由考夫曼基金会推出的“Kauffman Thoughtbook 2009”项目包含的一项研究发现，1980—1998年，由外国出生的企业家经营的科技公司占总数的24%（在硅谷这一比例高达惊人的52%）。2005年，这些公司创造520亿美元营收，聘用45万名员工。2011年，《新美国经济的合作伙伴关系》（*Partnership for a New American Economy*）中的一篇报告指出，2010年，18%的世界500强企业由移民创立。这些公司共实现1.7万亿美元收入并雇用数百万名员工。如果将移民后代创立的世界 500 强企业计算在内，2010 年这类公司的营业收入共计 4.2 万亿美元，高于世界上除了中国和日本以外的任何其他国家的 GDP。

当然技术是一个因素，但它是把双刃剑。以能源为例，这是一个能源时代。一直以来，能源对经济活动都很重要，但在 21 世纪的重要性超越历史上的任何阶段。能源的成本和供应是决定经济增长率以及就业的主要因素。能源的成本越高，生产的产品数量越少，就业机会越少。如果国际机构的预测是正确的，美国将迎来能源潮（见国际能源机构的《2012 年世界能源展望》），由此将直接和间接产生数百万个就业机会。引发能源潮的原因是新技术。

当数字通信和自动化技术刚开始普及时，人们普遍预测：（1）人们将在家工作，（2）人们的工作强度将下降。但我看到的却是截然相反的景象：与 20 世纪 80 年代相比，几乎所有的硅谷公司都要求员工更长时间坐班，如今几乎每个人都处于 24 小时待命状态。我认识一些朋友，在开车进山里游玩的路上，甚至是在徒步旅行的途中，他们都在不断地查收电子邮件和短信。数字通信和自动化技术非但没有用机器取代工程师，反而使工程师随时随地工作成为可能，有时候公司也需要他们这么做。这些技术延长了工作时间（人们自愿无偿加班是另一个鲜被提及的导致失业率上升的因素）。

21. 机器人时代的工作 – 第二部分：什么创造就业机会

不能简单地用技术的影响来解释失业现象。技术是诸多原因之一，到目前为止，并没有上升为主要原因。历史上有过几段时期，科技的飞速发展带来非常低的失业率（即大量的就业机会），最近的一次是在 20 世纪 90 年代，电子商务兴起，尽管数码相机淘汰了照相馆，亚马逊断了实体书店的生路，手机打败座机，克雷格目录（中国的类似公司是 58 同城）使本地报纸退出历史舞台，但人们还是有大把的工作机会。

一项新技术对就业的影响并不总是显而易见的，这就是为什么面对新技术我们的第一反应是恐惧。例如，谁曾想到，电脑技术（发明的初衷是为了实现快速计算）将在电信业创造数以百万计的新的就业机会？

考夫曼基金会 2014 年的一份报告发现，1988 — 2011 年，几乎所有的新工作都来自成立时间短于五年的公司，“老公司只会削减就业机会，每年共有 100 万个就业机会从这些公司蒸发。与此相反，新公司在成立的第一年内平均提供 3 万个工作机会”。

新技术也拉动了其他行业的就业。这就是所谓的“乘数效应”。从事新技术行业的人们需要商店、餐馆、医生、律师、教师等。由旧金山湾区委员会经济研究所发布的 2016 年度报告表明，我们这个时代最大的乘数效应来自于高科技行业：在高科技领域每增加 1 份工作，相应地在其他行业将增加至少 4 份工作。一个公司雇用一名软件工程师，会间接地为社区创造 4 个新职位。相比之下，传统制造业的乘数效应为 1∶1.4 个工作。

从历史上看，其实在新技术摧毁旧的工作的同时，已经创造了新工作。新工作一般比旧工作的待遇更高，工作环境更好。没有多少人梦想回到过去的日子——农业完全依靠人工，数以百万的农民面朝黄土背朝天地在田野中劳作。今天，只用几台机器就可以浇水、播种、耕地、收割。过去的农活不复存在，但制造业多了设计生产农业机械的工作。在 19 世纪的美国，80% 的人从事农业工作，而今天只有约 2%。然而，农业机械化并没有使那 78% 的人失业。世界上很少有农民希望自己的孩子长大后还是当农民，而不去做机械工程师。同理也适用于计算机取代打字机——打字机取代钢笔——钢笔取代人脑记忆。古登堡印刷机抢了几千名抄写员的饭碗，但它使书籍的规模化生产成为现实，暂且不提教育公众和为知识分子开拓了新的业务领域（如杂志和报纸），它直接创造了数百万个工作机会，包括书籍印刷、推广以及销售。与所有抄写员失业相对应的是成千上万个书店在世界各地如雨后春笋般涌现。蒸汽机肯定损害了马骡行业的利益，但在工厂中创造了数以百万计的工作，并催生了成千上万个新的商品公司。

所有形式的自动化都会带来负面影响，但失业并不能算负面影响之一。自动化所创造的工作要远远多于并且优于所摧毁的工作。

20 世纪 80 年代，我在美国硅谷工作，是一名软件工程师。当时的普遍共识是，软件设计正在日益自动化并且不断简化，很快它会沦落为一份低收入工作。大多数软件设计工作将转移至低工资国家，如印度。事实上，数百万的软件工作已经“外包”给印度，但美国的软件开发者数量已猛增至 1 114 000，增长率为 17%，平均年收入达到 100 000 美元，是美国人均收入 43 643 美元的两倍多（资料来源：美国劳动统计局，2015）。

的确，21 世纪的顶级企业规模要远远小于 20 世纪的顶级企业。然而，世界上最大的 4000 家公司将一半以上的收入用于供应商，而在员工身上的花费比例要小得多（据一些研究结果显示，仅占收入的 12%）。如果从实力来看，苹果可能无法与 IBM 同日而语，但苹果为数十万人提供了工作，让他们为苹果产品的零部件生产商工作。

而我更加担心的是“免费经济”：事实上，数以百万计的人们热衷于在网上免费贡献内容和服务。例如，记者失业的原因与本部门的自动化程度无关，主要因为数百万业余“博主”在网上免费分享内容。

如果认真考究美国和欧洲高失业率的真正原因，对于机器人（一般指自动化）的影响会得出不同的结论。在美国，机器人有可能挽救工作。亚洲劳动力市场的优势在于工资低廉，但 24 小时 ×7 天不眠不休不索要任何报酬的工程机器人完胜中国工人。随着机器人价格愈加亲民，这些“机器人”将取代亚洲工人，而非密歇根州的工人。它带来的短期影响是生产外包的概念将不复存在。将成千上万的就业机会输送到亚洲的大型企业将重新眷顾美国的劳动力市场。从中期来看，它可能带来衍生效应：亚洲的产品被迫退出市场，美国掀起制造业热潮。不仅原有的工作岗位回归，而且将制造出很多新的就业机会。从长远来看，机器人可能制造我们今天无法预见的新的工作种类。

在 1946 年，人们无法预见到计算机行业在 2013 年需要上百万软件工程师，机器人行业需要上百万机器人工程师。这些工程师在特定任务处理方面并没有他们设计的机器人“聪明”，正如今天的软件工程师不如他们编写的程序快速一样。

当我写下这段话的时候，硅谷的机器人工程师在领取天价薪酬，中国的物联网有成千上万个工作虚位以待。

2015 年底，麦肯锡的报告《职场自动化的四个基本要点》和波士顿大学法学院的詹姆斯·贝森（James Bessen）进行的“计算机自动化如何影响职业”的研究（2015 年 11 月）同时表明，机器人会取代某个人的工作，但也将创造一个新的工作机会，往往后者在收入、工作环境和个人满意度方面更加优越。

人们总是很容易想象哪些工作被淘汰，但很难想象科技将带来哪些新的就业机会。因此，我们夸大了工作被淘汰的现实，同时也低估了新工作涌现的事实。

1992 年，第一个互联网浏览器问世一年后，当时新当选的美国总统比尔·克林顿（Bill Clinton）召集了一批专家，讨论经济的未来，其间没有人提到互联网①。

机器人社会将创造今天我们甚至无法想象的新的就业机会。机器人将开创一个更加复杂的社会，在其中人类智能的重要性将更加凸显。未来总

① 大卫·伦哈德（David Leonhardt）. 大萧条——但愿岁月静好（*The Depression - If Only Things Were That Good*）. 纽约：纽约时报，2011 年。

会带给我们惊喜。

我的猜想是，到了某个时间点机器人将成为过时的东西，被一个别的什么东西取代，尽管现在我们还不知道这个东西叫什么。某一天机器人将被一个新的人类发明所淘汰。机器人退出历史舞台的时间远远早于人类灭绝的时间。

22. 机器人时代的工作 – 第三部分：共享经济

就业革命的真正幕后推手并非机器人，而是“共享经济”。Airbnb 将房主与房客相匹配，优步将车主和打车的人相匹配。这类公司开创了一种革命性的就业模式：让人们用自己未充分利用的资产赚钱。这个概念将很快应用于几十个不同的领域，使普通老百姓找到普通资产的普通客户；或者，换句话说，按照市场需求付出劳动与技能。

在工业革命之前，大多数工作集中在农村，但城市也有一些作坊，主要为手工艺品店。工匠偶尔会到中心市场找活儿干，但大多是客户主动找工匠，工匠找客户的情况很罕见。像意大利的佛罗伦萨这样的城市分布着分门别类的工艺品街，从而客户可以很容易找到从事某个产品制造的工匠聚集地。

随后人类社会进入工厂和运输时代，工业化催生了在某种组织框架下由成千上万名员工组成的“公司”。“有工作”的概念开始另有一番含义：被雇用。

最后，社会开始统计“没有工作”的人，即愿意为雇主工作，但没有哪个老板为他们的时间或技能买单的人。从某种意义上来说，智能手机和互联网将我们带回工匠时代的就业模式。任何人都可以通过为有需要的人提供自己的时间和技能赚钱。“公司”就是让客户找到现代“工匠”的中介。

从某种意义上来说，“企业”（如优步或Airbnb）扮演了过去佛罗伦萨的工匠街所扮演的角色。只要有时间和/或技能，现在任何人都可以成为“个体户”。他们可以根据自己的情况安排工作，不必朝九晚五，也不再需要办公室和雇佣合同。

传统公司聘用的都是全职员工，出于复杂的公司战略考虑，公司有时必须裁员，有时必须增员。

在分享经济中，就不存在这类现象：公司被有技能的工人社区取代，如果人们和客户两厢情愿的话，他们可以按照自己的意愿选择工作。从某种意义上说，人们被解雇或聘用是家常便饭。

当然，这意味着判断“好工作”的标准不再取决于升迁、加薪和福利。这一切都将基于客户需求（理论上它拉动了公司收入，进而促成升迁、加薪和福利）。

很难在公司找到工作的无业人员往往是因为他们的技能不能满足公司的需求，但是这并不意味着这些技能不被客户所需。公司横亘于客户和员工之间。即使市场上对你的技能有需求，你得寄希望于主管能透过几页简历了解你的特长，还得希望财务主管点头同意聘用你。公司的性质、组织结构、相互制衡的系统（暂且不提内部的政治斗争和管理无能的因素）使得需求服务的客户与提供服务的专业人士之间更难成功“配对”。要是让有需求的客户与提供相应服务的专业人士直接对接，显然事情就会简单得多。

进入21世纪以前，问题是除了公司黄页以外，客户没有任何其他便捷的方式接触到技术工人。基于互联网的共享系统省掉了中间人的层层环节，只保留一个环节（形成规模经济的需求对接平台）。事实上，这些平台颠覆了供需模式：不再是劳动者在公司谋求职位而公司找客户，新的模式是客户找劳动者。这种模式不仅绕开了反应缓慢迟钝的公司，而且使你通过所拥有的不拿它当回事儿的资产赚钱。汽车是一种资产。你会开车上班、度假，但是，当汽车停放在车库时，它就是一件未充分利用的资产。

市场营销曾经是一个把新产品硬塞给客户的科学过程：现在它变成了简单的算法，使客户能够选择自己心仪的劳动者。这个算法基本上结合了在线约会技术（媒人）、拍卖技术（招投标）和客户打分（基本上取代了传统公司规定的“绩效考核”）技术。

当然，这种新经济的缺点是劳动者在旧经济中享受的种种保障不复存在：不能保证明天有收入，没有公司养老金计划等；要给自己提供培训，保持自己在行业内的竞争力。旧经济中主要是公司对员工的未来负责。分享经济将责任完全转移到了劳动者自己身上。

新型的劳动者是为自己打工，实际上每个劳动者都是一个小资本家；为此他们付出的代价是需承担曾经属于公司管理范畴的责任。

因为机器人而担心丢掉工作的人们心里想的是工厂和办公室的传统工作。

未来主义者用一种奇特的方式，完全错过了真正重要的科学革命。

23. 机器人时代的工作 – 第四部分：女佣原理

工作多年的人想到以后机器会取代他们的专业技能，就会感到惶恐不安；学生想到他们学的谋生技能可能在毕业后就完全没有用武之地，也会感到焦虑不安。这些担心不无道理。虽然会有新的工作类型，但与现在的工作内容有天壤之别。所以，能否适应新的工作岗位以及游走于不同的专业技能之间是决定你成功或失败的关键。

事实上，人们无法对目前不存在的工作提供什么中肯的建议。同样难以想象为了目前不存在的工作学习什么基础知识，遵循什么学习方式。但这里还是有一些经验法则。

最显而易见的一条经验法则是：工作内容像机器的人将被机器取代。

在高度结构化的社会，例如美国（上午 11 点后，美国餐厅就不再提供煎蛋，尽管所有的材料一应俱全，甚至连最不称职的厨师都会做煎蛋），许多工作都属于这一类。那些为大公司写新闻稿甚至写演讲稿的人，在某种程度上甚至工程师都被要求遵循一定的章法规则。规则支配工作的比例越高，从业人员被机器取代的概率就越大。在“人情味”仍占上风，结构化组织没有被广泛接受的国家，其工作职位的生命力更旺盛。

需要沟通、同理心以及我们期待从人类身上获得感情的工作，也不会很快被机器取代。只是例行公事，很少或从不与病人交流感情的护士将被机器人所取代，但体恤、陪伴、同情病人的护士，很难被机器人取而代之。在短期内，很难出现能与病人或老年人真正交谈的机器人。

如果你的行为和思考方式都像一台机器，你的存在已然多余。在美国，这类人不在少数，如果我们要求他们做一些与训练内容略有不同的事情，他们会无所适从。如果你属于那种不喜欢做事情需要“思考”的人，问问自己“为什么这个世界需要我”，机器可以做得比你更好、更友好，而且机器人不需要午休、睡觉、参加周末派对，也不会休假出国旅行。如果在高度结构化的环境中，你在从事一份齿轮般的工作，你应该为有人仍然愿意给你发工资感到庆幸。

另一方面，如果你是为机器的广泛应用打造结构化环境的设计师，或为结构化环境设计机器的人，甚至只是生产、维修和 / 或销售机器的人，那么你是市场急需的人才。人类需要仰仗这些人，确保机器将营造一个更美好的世界。

其实我非常赞同这一观点：自动化不断挑战我们，激发我们的创造性，探索生活更深层次的含义。如果机器可以打造一个更美好的世界，为什么这个世界需要我们？我们必须回答这个问题。实际上与机器人相比，我们能称之为人的地方在于我们努力探索生活更深层的意义，而不是朝九晚五，漫无目的地例行公事，就像——机器人一样。

跨学科思维比以往任何时候都更加重要，并且今天的机器使我们比以往更容易接受跨学科教育。如果你借助机器，比如智能手机，代替你思考，你可能会越来越笨。这对你有害无益。如果你借助机器，比上一代人学到更多知识，涉猎更多领域，这将成为将来你找工作时有力的竞争优势。

当前美国存在一个严重问题，未受教育人口与日俱增，这些人肯定很难适应新的工作要求。这类现象在软件和生物技术等行业早已屡见不鲜，在高报酬的新兴工作岗位上我们经常看到受过良好教育的中国移民的身影，而土生土长的中途辍学的美国人与这些工作无缘。我们这些硅谷的移民不禁注意到，大多数商店和餐馆的服务员都是土生土长的湾区人，但他们完全错过了在自己眼皮底下发生的高科技革命。1946 年，美国的高中毕业率世界排名第一（据经济合作与发展组织的数据显示）；目前，美国在 27 个工业化国家中排名第 22 位；美国学生数学排名第 25 位，科学排第 17 位，阅读排第 14 位；只有 46% 的美国学生完成大学学业。

但也有些低级工作不会轻易被自动化。因为在这些工作中“人”相当重要。最好的例子是酒店服务员。这个工作的工资不高，但哪个机器人能挑选各种形状及软硬程度不一的物品，并用常识来判断怎样处理这些物品？试试向机器人解释“垃圾”的含义。酒店服务员不会扔掉脏内衣（它属于个人财产），但他会扔掉空比萨盒。此外，如果客人留了纸条“请留下这个盒子”，酒店服务员也不会把它扔掉。如果空比萨饼盒里有用过的纸巾，他该毫不犹豫地把它扔掉。但是，如果比萨盒里有一张印有总统头像的绿纸，他就会三思而后行。

“通过 35 年的人工智能研究，我学到的重要一课是，人难则机器易，人易则机器难。”史蒂芬·平克（Steven Pinker）曾如此说道。

24. 在进步的只是市场营销和时尚

重新回到推动进步的话题：真正实现指数发展的是时尚。在这方面，许多未来学家和高科技博主混淆了社会政治现象与科技现象。

事实上，我们看到许多领域的产品或服务的品质在倒退。这主要是由于营销手段愈加登峰造极。营销是一件可怕的人类发明：它惯用的伎俩是抹杀人们对美好事物的记忆，让人们为粗制滥造的东西买单。如果大家都知道过去有成千上万部优秀的电影和书籍，新电影或书籍就没有市场：人们会花费他们的一生观看和阅读经典电影或书籍（质量上乘之作），而非浪费时间看新出的电影和书籍，其中大部分最多也只能算平庸之作。为了让人们看一部新电影或读一本新书，营销策略制定者必须确保人们对老电影和书籍一无所知。往往是无知让人们自认为在宣传活动中见证了产品的“进步”。通常我们所说的“进步”背后的事实是公司靠卖劣质产品赚得盆满钵满。“进步”在于营销，而非商品本身。营销手段日益多样化事实上说明了产品质量日益下滑。

现在是否是个机器人时代，对此我们尚无定论；但我们可以肯定的是，这是个营销时代。即使我们没有任何新的发明，一件绝对意义上的发明都没有，但我们仍在经历狂风骤雨般的变化。今天的变化在很大程度上由市场驱动。商家迫切需要消费者走出去，不停地购买一切新款。我们买的大多数东西并不是出于需要。年轻一代总是更容易上营销的当，很快，老一代发现自己无法与年轻人沟通，除非他们也买同样的东西。当然，很多东西都让我们的生活更加便捷，很快就被视为“必需品”；但事实是，没有这些“必需品”，几千年来人类活得很好（某些情况下比现在更好）。MP3 文件优于光盘，光盘优于黑胶唱片——这是典型的营销思路。流媒体优于 DVD，DVD 优于 VHS 磁带——这也是典型的营销思路。我们所生活的时代奉行消费主义，追求快速、连续不断的产品升级，但大多数变化并没有必要。

真正加速发展的是培养新产品需求的营销策划能力。所以，是的，我们的世界空前地瞬息万变着，不是因为我们置身于更先进的机器中，而是因为我们周围都是巧舌如簧的推销员（和好骗的消费者）。

“计算机业是唯一比女装业更受时尚驱动的行业。”（引述自拉里·埃里森，他是甲骨文公司的创始人兼董事长。）

有时，我们将管理、生产制造和市场营销的进步（我们经历的“发展”90% 都属于这一类）与机器智能的进步（仍然停留在“中文服务请按1”的水平）混为一谈。

技术促进销售额的提高，反过来，这又推动了技术进步。因此，互联网公司（雅虎、谷歌、Facebook 等）通过将网络流量成功转化为广告收入而大获成功，这也不足为奇。我们正在把搜索引擎、社交媒体和几乎所有的网站变成网络世界里布满城市街道和高速公路的广告牌。广告收入，而非创造智能机的目标，推动了互联网发展。从某种意义上说，互联网技术进步的推手最初是保护美国免遭核武器袭击的军事机构；然后是旨在分享知识的乌托邦式的科学家社区；后来是试图从电子商务中获利的公司；现在是尽可能网罗最大受众的广告活动经理。这是否有助于加速计算机技术的发展，将引导它朝哪个方向发展，目前尚是未知数。

当万斯·帕克德（Vance Packard）写下《隐藏的说客》（*The Hidden Persuaders*，1957）[①]时，事实上他对未来也没有任何头绪。

“我们这一代最聪明的人都在思考怎么让人们点击广告。”[②]

说句公道话，这一代最杰出的人才不仅致力于让人们点击广告，而且

① 这本书揭露了广告业的内幕，描写了媒体如何勾起消费者对不必要商品的虚幻需求。

② 引自 Facebook 前科学家杰夫·哈梅巴赫（Jeff Hammerbacher）2012 年发表的文章。

编写了更加高级的大众监视程序。

插曲：关于机器人时代的小结

下面让我们总结一下上面的内容。人们对超级智能机即将到来的信念来自以下假设。第一个假设是A.I的发展日新月异，第二个是它正以前所未有的速度发展。这两种说法都是夸大之词。目前A.I.程序仍存在巨大的鸿沟，如何弥补这一鸿沟的创意乏善可陈。除了模式识别以外，暴力计算型人工智能很难成功解决其他问题，它对速度越来越快的处理器依赖性太强。现在摩尔定律即将过时，我们需要更多（咳咳……）智能的方法来实现A.I.，而非局限于暴力算法。我并不是否认机器的工作方式取得的进步，我只是在揭示它们之所以比过去做得更好的原因（主要在于我们为机器构建的环境，而非机器人的智力提高）。这就解释了为什么我们身边的大部分机器都非常笨，为什么我从来没有在硅谷大街上看到一个机器人溜达。正是因为今天人工智能的局限性，你不用担心机器会偷走你的工作……除非你的工作蠢笨到甚至是蠢笨的机器都可以做。

至于我们这个时代的“加快进步”，在大多数情况下，它既不是这个时代的“专属”，也不是“进步”。一个世纪前，世界完全被电话、无线电、汽车、飞机、录音、量子力学、相对论等一系列发明完全改变，这些发明在短短几十内年接连问世。你确定今天的进步比20个世纪更加翻天覆地？在回答这个问题之前，请记住变化并不总是代表进步。有两个方向的变化：前进或后退。变化不一定总是朝着进步的方向。

接下来本书将进一步批判人工智能，有一些更多停留在理论层面，还没有上升到实践层面，本书将重点讨论超人类智能的概念。但首先，让我们回到根本的问题：究竟为什么我们需要人工智能？而这也与我在本书开头提出的观点有关联：我不怕人工智能，我害怕它姗姗来迟。

25. 人工智能的短期前景

媒体预测人工智能将被广泛应用于所有经济领域。到目前为止，我们看到的事实与媒体的观点大相径庭。2016 年彭博预测有 2600 家创业公司投身 A.I. 技术，但 IDC 统计得出的结果是：2015 年所有 A.I. 软件公司的销售总额勉强达到十亿美元。A.I. 话题很热门，但到目前为止人们愿意花钱买的 A.I. 产品少之又少。

A.I. 的头号应用现在是以及将来仍然是……让你买下你不需要的东西。所有主流网站通过应用简单的人工智能程序，跟踪你、研究你、了解你，然后再向你卖东西。你的私人生活对他们来说暗藏商机，人工智能帮助他们找到从你身上赚钱的切入点。人工智能的创始人如果看到这一切，在九泉之下也会不得安宁。

2014 年以来，最复杂（或至少广泛使用）的人工智能系统是 Facebook 的机器学习系统 FBLearner Flow。这一系统由候赛因•米汉那（Hussein Mehanna）团队设计开发，目前在成千上万个计算机上运行。这一系统被应用于 Facebook 的各个模块，用于快速训练部署神经网络。神经网络可以通过几个参数进行微调。优化这些参数绝非一个小工程。它需要大量的“试错”。但是，机器学习精度仅提高 1% 就意味着 Facebook 增加数十亿美元收入。所以，Facebook 正在开发 Asimo 机器人，进行上万次的试验以此找到每个神经网络的最佳参数。换句话说，Asimo 正在做负责深度学习系统开发的工程师所做的工作。

尽管杰夫•哈梅巴赫的叹息不无道理，但我们必须承认深度学习的发展一直由谷歌和 Facebook 等公司的资金驱动，这些公司的主要商业收入来源为“说服人们买东西”。如果全世界都禁止在网络上做广告，深度学习学科很可能会再次重返它的发源地——幽闭的大学实验室。

神经网络的进步将带动语音识别（例如苹果的 Siri）和图像识别（例如 Facebook 的 Deep Face 和微软的 CaptionBot）的发展。例如，苹果 Siri 在深度学习技术成熟以前曾使用 Nuance 公司开发的语音识别技术，主要用途为天气查询。苹果对 VocalIQ 的收购可能带给 Siri 很大的改观，它是从剑桥大学分拆出来的一家公司，有多年的深度学习研究经验。2014 年微软的 Skype 翻译首次公开演示，能够实时翻译讲话内容，2016 年这一功能正式上线。同年，谷歌向开源社区开放云语音接口，使所有开发者可以在自己的应用软件中应用谷歌的语音识别功能。

深度学习的“梦想”应用程序确实存在。医疗应用程序总是遥遥领先，因为它与每个人都息息相关。医学界每年产生数百万图像：X 光片、核磁共振成像、计算机断层扫描（CT）等。2016 年，飞利浦医疗预估它管理的医疗图片数量将达到 1350 亿张，每周增加两万张新图像。这些图像通常只有一位医生看过，就是那位要求病人拍片的医生，而且仅看一次。这个医生可能没有意识到，除了帮助他诊断疾病，这个图像还包含其他有价值的信息。影响数以百万张计的医疗图像的科学发现可能已经发生，但没有人将这些图像与最新科技进展进行对照。首先，我们想通过深度学习，帮助放射科、心脏科和肿瘤科医生实时了解他们拿到的所有图像。然后我们希望看到 Googlebot（谷歌用来扫描全世界所有网页的“爬虫”）在医疗图像领域的相似应用。试想一下，医疗图像领域的 Googlebot 连续扫描飞利浦的数据库，并运用医学上的最新成果全面分析每张医疗图像。

2015 年，美国推出精准医疗计划，收集和研究一百万人的基因组，然后将这些基因数据与他们的健康状况匹配，使医生能够针对每个人的情况给出正确的药品和剂量。如果没有机器在庞大的数据库中进行模式识别，该计划几乎不可能实现。

无人驾驶汽车可能永远无法完全实现，但“司机助手”即将成为现实。谷歌的第一台无人车的工程师安东尼·莱万多斯基（Anthony Levandowski）创建的 Otto 公司不打算让汽车取代卡车司机，而是协助卡车司机，特别是他在高速公路上驾驶时。Otto 并不是要发明一种新款卡车，而是在每辆卡车上安装一台设备。2014 年美国共有 3 660 人死于涉及卡车的交通事故。

人们对机器人的需求非常旺盛。建筑和钢铁行业有一些危险工种，每年因公死亡的工人达到上万人。据国际劳动组织统计，每年煤矿事故造成 10 000 名以上矿工死亡，这个数字还不包括由于恶劣的工作环境寿命被大大缩短的矿工人数。

我们还需要机器照顾日益增加的老年人群体。寿命延长以及生育率下降，正在重塑社会的人口结构。过去各个国家面临的最紧迫的问题是孩子的幸福和教育。当时社会的年龄中位数是 25 岁或 25 岁以下。正如大多数热带非洲国家，目前埃塞俄比亚的年龄中位数为 19 岁左右。巴基斯坦是 21 岁，但日本和德国为 46 岁。这意味着 46 岁以上的人和 46 岁以下的人数相当。除去青少年和儿童，日本和德国没有足够的人来照顾 46 岁以上的人。这个数字每年还在上升。日本 90 岁以上的老人达到 100 万，其中 6 万人是百岁老人。2014 年，欧盟 65 岁以上的老年人占总人口的 18%，数量达到 1000 万人。我们没有足够的年轻人来照顾老年人，从经济角度考虑，太多的年轻人投入这一非生产性任务是一种浪费。我们需要机器人来帮助老人锻炼身体，提醒他们吃药，到门口帮他们取快递，等等。

我不怕机器人的到来，我怕机器人姗姗来迟。

我们今天的机器人还不能提供这些帮助。根据 2015 年 IDC 报告，可以断定今天约 63% 的机器人是工业机器人，剩余的机器人中，机器人助手（主要用于外科手术）、军用和家用机器人（比如 Roomba 扫地机器人）

基本各占三分之一。主要的机器人制造商，包括ABB（瑞士）、库卡（德国，2016年被中国的美的收购）和四大日本公司（发那科、安川、爱普生和川崎）的主营业务或者专营业务是工业机器人，而且是智能不高的机器人。不在流水线上工作的机器人非常罕见，移动机器人非常罕见，带有计算机视觉的机器人非常罕见，带有语音识别的机器人非常罕见。换句话说，今天几乎不可能在市面上买到自主机器人——让它在工厂或库房等严格可控的环境之外给人类提供切实的帮助。软银投资的Pepper和Willow Garage的派生公司（Savioke、Suitable、Simbe等）推出的自主机器人是“服务机器人”的先锋，可以在酒店迎接你或在餐厅给你上菜。但这些机器人与其说是人工智能，不如说是新奇玩具。在陪伴老年人方面，迄今为止最先进的机器人都不如狗做得好。

Roomba是最常见的家用机器人，它的外表是一个小的圆柱形盒子，完全不像好莱坞电影中塑造的浑身长满触手的怪物。它的功能是地面吸尘。不幸的是，如果你不小心把钱掉到地上，它也会把钱吸走。我们不能信任没有常识的机器。即便是最无关紧要的工作，我们也不能完全放手交给机器去做。

如果机械外骨骼可以算作机器人的话，那它是机器人的一个成功案例。机械外骨骼是可以穿的机器人。该技术最初由美国国防部先进项目研究署（DARPA）开发，用于帮助士兵搬运重物；现在有些康复诊所用它来帮助脑损伤和脊柱损伤的病人。

由以色列四肢瘫痪者阿米特·高弗尔（Amit Goffer）创立的ReWalk，以及Ekso Bionics和Suitx（二者都是加州大学伯克利分校的衍生公司）还有Superflex（斯坦福研究所的分拆公司）都致力于帮助截瘫患者或老年人行走。松下推出的ActiveLink机械外骨骼将帮助像我这样的文弱书生干体力活。目前这类产品的价格不菲，但可以设想一下在不远的未来，我们在硬件商店就可以租到机械外骨骼，帮我们收拾花园修理房屋。穿上机械外骨骼后，你就能轻而易举地抬起重物、抡起大锤。

长远来看，机器人或许能通过一些项目有所长进，比如 OpenEase，机器分享知识的平台；或 RoboHow，帮助机器人学习新的任务；或 RoboBrain，通过人的示范和建议学习新任务。

但是，我们首先需要想办法让机器人手臂的灵巧度起码达到松鼠的四肢灵巧度。

人类手的灵活性可以实现几十个自由度。比方说有十个自由度（事实上要高于这个数），我可以轻松计划接下来十步的手掌运动：每个动作又有十个自由度……可以一直做很多很多种动作。而且动手掌的时候我无需思考，在一瞬间就可以完成。而对机器人来说，这是一个庞杂的计算问题。2016 年，负责谷歌大脑（Google Brain）项目的谢尔盖・莱文（Sergey Levine）团队训练机器人拿起它们从未见过的东西并用不同方式拿起软硬度不同的东西。有两个团队已经将深度学习用于提高机器人的灵活度，它们分别是卡耐基梅隆大学的阿比纳夫・古普塔（Abhinav Gupta）和康奈尔大学的阿莎托什・赛科森纳（Ashutosh Saxena，他曾就读于斯坦福大学，是吴恩达的学生）。但真正的问题在于灵活度，而非深度学习。“高级推理需要的计算量不大，反倒是低级的感觉运动技能需要庞大的计算资源。”埃里克・布林约尔松（Erik Brynjolfsson，斯隆商学院教授）曾说道。

前面本书提到人们从事人工智能研究出于两个动机，分别是：商业机会和改善普通人生活的理想。以上这些项目都兼备这两种动机。不幸的是，技术仍然处于初级阶段。别幻想在非常有限的技术条件下，邪恶的机器人族群会横空出世。

26. 既支持……又反对超人类智能的案例

“人工智能”—“强人工智能”—“奇点”将先后来到。这一预测基于简单的假设：人工智能的发展日新月异且发展进程加快。如果你认同这两个观点，那么你也可能相信，可以与我们进行哲学对话和写书的机器指日可待。

这也正是莫拉维克与库兹韦尔得出的结论。汉斯·莫拉维克（Hans Moravec）《*Mind Children*》（1988）和《*Robot——Mere Machine to Transcendent Mind*》（1998）的作者，预测2050年机器将变得比人更聪明。雷·库兹韦尔是《奇点临近》（2005）一书的作者，他预测2045年机器智能将超越人类的智力。

莫拉维克与库兹韦尔并不是首次把这两个假设放在一起的未来学家。1957年，赫伯特·西蒙（Herbert Simon），人工智能学科的创始人之一，曾表示：“现在世界上有会思考、学习、创造的机器。而且，他们做这些事情的能力将会迅速提高。”

从20世纪70年代开始，已出现反对人工智能（以及奇点）的声音。当时哲学家开始审视A.I.世界发出的豪言壮语。1963年，约翰·麦卡锡（John McCarthy）创立了斯坦福大学人工智能实验室（SAIL），目标是在十年内开发出全智能机器。1965年，赫伯特·西蒙预测：“20年之内，人能做的所有事情，机器都能做。”1967年，马文·明斯基预言：“25年之内，创造人工智能的问题将得到实质性解决。”

第一个质疑这类言论的哲学家是休伯特·德雷福斯（Hubert Dreyfus），他在《*Alchemy and Artificial Intelligence*》（1965）一书中写道：“人工智能的长足发展……必须有待于全新计算机的问世。现有的计算机原型只能算人类大脑的冰山一角。”

《计算机和常识》（*Computers and Common Sense*，1961）的作者天敏·陶布（Mortimer Taube）与《心灵、机器与哥德尔》（*Minds*，*Machines and Godel*，1961）的作者约翰·卢卡斯（John Lucas）都指出全机器智能不符合哥德尔不完备定理。1935年，阿隆索·丘奇（Alonso Church）证明了一个定理，把哥德尔不完备定理延伸至计算领域：一阶逻辑是“不可判定的”。同样，在1936年，阿兰·图灵证明了通用图灵机不可判定“停机问题”。这两个定理的基本内容都是无法证明计算机是否能解决任何问题，这是哥德尔定理——一个备受推崇的数学证明的结果。很多思想家采纳与哥德尔定理一脉相承的论据，其中最为著名的作品是罗杰·彭罗斯（Roger Penrose）的著作《皇帝新脑》（*The Emperor' s New Mind*，1989）。

对人工智能最有名的批判记载于约翰·希尔勒（John Searle）的论文《心灵、大脑和程序》（1980），后来以“中文房间”实验而广为人知。把一套将中文翻译成英文的完备说明书交给一个人，并把他锁在一个房间里，站在房间外面的人误认为房间里的人懂中文，其实那个人只是机械性地遵守毫无意义的说明书指令，操控毫无意义的符号。他完全不知道中文语句的含义，但他可以翻译成正确的英语。很多哲学家写下大量论文，加入对希尔勒观点正确性的讨论。然而，希尔勒并没有攻击机器智能的可行性，而只是简单论证智能机器是否会有意识。

今天的电脑，包括AlphaGo使用的超高速GPU，都属于图灵机。批评人工智能，需要证明图灵机无法比拟人类智能。这方面的书籍不在少数，但是图灵机无法企及的事情并不是一成不变的。据我所知，还没有人发现哪些事情是图灵机永远无法超越我们的。

我怀疑这里有另一种“宗教”起到另一种截然相反的作用，引导我们不愿接受机器可以变得和我们一样聪明，甚至比我们更聪明。天体物理学家发现地球在宇宙中的位置并没有什么特别；生物学表明，人类生命并没有什么与众不同；神经科学正在表明，人类大脑并没有什么神秘之处；现在人工智能学科或将表明，人类智能也没什么特别。这些学科都揭示了人类的微不足道、无关紧要。

但我没有看到任何令人信服的证据，证明机器将永远无法企及人类水平的智能。因此，为什么呢？

相反，（什么时候）“完全成熟的人工智能是否可能实现”这个问题听起来合情合理。如果全智能机的时间表是几百年，而不是乐观主义者认为的几十年，那这个问题就像问宇航员：“未来有没有可能发送载人飞船到冥王星？”答案是肯定的，非常有可能，但有可能永远不会发生：不是因为不可能实现这件事，但仅仅是因为我们可能会发明心灵运输，将不再使用宇宙飞船。我们发明智能机以前，合成生物学或其他一些学科可能已经发明一些淘汰机器人的事物。时间可能改变一切。

假设有一天全智能机成为现实，它们是否会进化到人类难以企及的高级智慧水平？这是另一个问题。我没有看到任何证据表明机器智能发展的必然趋势是机器变得比人类更聪明。

在这里我打个比方。正因为我们造了梯子，这并不意味着我们可以飞：它只意味着我们可以造越来越高的梯子，也许梯子能帮助我们爬到屋顶，修补漏雨的屋顶；但飞行技术与爬梯子技术完全是两回事，因此不断提高造梯子的技术对飞行技术的发展没有任何实质性帮助。梯子也不能自发演变为飞行生物。梯子和鸟都和“高度”有关，天真的媒体就可能得出结论：梯子会变成鸟。但是，造梯子的人应该心知肚明。

超人类智能究竟可以做哪些人类永远无法做的事情？如果答案是“我们甚至无法想象”，那么，我们又回到了相信天使存在、奇迹发生等类似宗教性质的组织。相反，对于这个问题的简单、理性的定义，我还没有见到过，即使见过，我也是见过相反的答案。下面将简单讨论下这两种截然相反的观点。

一方面，基于柯林·麦金（Colin McGinn）在《意识的问题》（1991）

中提出的“认知闭合”概念，超人类智能理应存在。这个概念的基本内容是每一个认知系统（例如，每一个生命体）都存在“认知闭合”：可以知晓的事物范围存在边界。苍蝇或蛇看到的世界与我们看到的世界不同，因为它们不具备人类的视觉系统。反过来，我们永远无法知道做苍蝇和蛇是怎样的一种体验。天生的盲人永远无法知道“红色”是什么，即使他学习了一切关于“红色”的知识。按照这个思路，每个大脑（包括人脑）对于想到、理解和认识的事物都有局限性。特别是，人脑的局限性使人类无法理解一些宇宙的终极真理。这些可能包括时空、生命的意义以及意识本身。还有就是我们人类“智能”存在上限。根据这种观点，应该存在“超人类”的认知系统，即它们能突破我们的认知局限性。

但是，我不确定我们（人类）是否能够有意建造一个认知闭合范围大于人类的认知系统，即一个可以“思考”我们无法想象的概念的认知系统。这听起来有点自相矛盾：低形式智能可以有意识地创造最高形式的智能。但是，它与“低形式智能可以偶然（侥幸）塑造更高形式的智能”的观点并不矛盾。

以上是支持超人类智能可行性的观点。最有名的质疑观点来自大卫·多伊奇（David Deutsch）在《无限的开始》（2011）中的间接表述。多伊奇认为只要宇宙按照普遍规律运行，宇宙中没有什么事物是人的头脑无法理解的。虽然我更加倾向于认同科林·麦金的观点，任何物种的大脑都存在“认知闭合”，大脑只能做特定范围内的事情，我们的认知闭合将使我们无法理解世界的一些事物（也许意识的本质就在无法理解的事物之列）。但总的来说我也同意多伊奇的观点：如果事情能用公式表示，那么我们人类最终将“发现”并“理解”公式。并且，如果自然界的一切事物都可以用公式表示，那么我们（人类智能）最终会“理解”所有事物，即我们是可能存在的最高智能形式。因此，聪明到人类无法理解的超人类机器存在的唯一可能性在于，它是不遵守自然法则的机器，即它不是机器。

如果你倾向于“认知闭合”的观点，你还必须说明人类还没有达到认知的上限。人类大脑的进步并不一定在我们这代终止。如果人类智能还没有达到认知闭合，那就还有提高的空间。没有任何证据表明人类大脑已经达到创造力的顶峰并将自此停滞不前。现在的机器是基于今天我们的知识和创造力而发明的。也许有一天，这些机器将完全达到我们今天的水平，但我们有什么理由认为届时人类智能不会发展到一个新的水平，知识和创造力不会达到一个新的高度？届时，人类可能会以不同的方式思考，可能发明一种完全不同的东西。今天的电子设备可能会继续存在并发展一段时间，就像风车一样，在某段历史时期内存在并发展，在它的应用领域比人类表现得更加出色。但有一天电子机器可能会变成今天的风车，过时了。我怀疑人类的创造力还有很长的路要走。奇点论者无法想象人类智能的未来，正如1904年的人无法想象相对论和量子力学。

某一天，奇点可能出现，但我不会恐慌。多细胞生物的出现既没有破坏也没有边缘化单细胞生物。细菌仍然存在，而且可能比我们生活的世界中任何其他生命的形式都要多。细菌大概无法想象在它之后出现的生命形式，但是，正是因为它们的生存平台没有任何交集，它们之间很难产生互动。我们消灭对我们有害的细菌，同时我们也要依靠许多细菌维持身体健康（我们体内的细菌细胞要多于人类细胞）。事实上，有人认为超人类智能已经存在；整个地球是一个生命体，即盖亚，我们只是其中的组成部分。

在某些情况下，我们“害怕”机器，只是因为它带来的后果我们无法想象。想象一下，有一天机器能够理解自然语言。一个人一个星期只能读几本书。而这样的机器能够在几秒钟之内阅读所有经过人类生成与数字化的文本，很难想象这意味着什么。

从理论上说，能与另一个人工智能交谈的人工智能学习速度比我们快得多。我们人类需要重新进入名为大学的地方，经过漫长的学习过程，才能从专家那里学得皮毛。在几秒钟之内人工智能可以学会另一个人工智能知道的一切（只需一个“内存转储”）。事实上，有一天（如果电脑运行速度不断提高）人工智能可以学会其他所有人工智知道的一切。试想一下，如果你能在几秒钟的时间内学会其他所有人掌握的知识，这将是怎样的景象？

我们身体和大脑与生俱来的构造决定了我们无法做到和机器一样。一种可能性是大自然竭尽所能只能把我们造成这样。另一种可能性是，也许经过数百万年的自然选择，大自然发现我们这样最好。

人工智能的批判者不能告诉我们究竟哪些事情是机器永远无法做到而人类可以做的。奇点理论的拥趸无法告诉我们，究竟哪些事情是人类永远无法企及而机器可以做的。由此我初步得出的结论是：机器可能和人类一样聪明（不是“如果”的问题而是“何时”的问题），但机器不可能比人类更聪明。不过，这个结论取决于一个很模糊的定义“智能”。

27. 什么是奇点的对立面

我最担心的不是机器智能的迅速提高，而是人的智力可能会下降。

通常我们对图灵测试的解读为：什么时候我们可以说机器已经和人类一样聪明？但是图灵测试还有另外一面，即人类智能，因为同样它可以用公式表示为：什么时候我们可以说人类已经和机器一样愚蠢？换句话说，机器还有另一种方式通过图灵测试：让人类变笨。我们把图灵点看做机器和人类一样聪明的点。机器智能提高到人类的水平或者人类智能下降到机器的水平，都可以到达图灵点。

人类总是非常依赖他们发明的工具。例如，发明了文字之后，人类的记忆力下降。另一方面，人类收获了一种存储更多知识和更快传播知识的方法。人类历史上的所有其他发明都不例外：使人类丢掉一种技能，同时也让人类获得一个新技能。我们无法让历史倒退重演，我们永远不会知道如果人类没有丧失记忆技能，世界会变成什么样子。我们间接地假设，现在的世界是它可能拥有的最好的样子。事实上，在过去几百年里，人类记忆技能在下降，大量弥补羸弱记忆力的工具应运而生。反过来，每个工具又导致新的技能下降，书写的发明是否值得人类损失这么长一串技能链，这个问题还有待讨论。整个人类社会都在经历“变笨”的过程，电器与现在的数字设备极大地加快了这一过程。计算机导致书写能力的退化，语音识别将奏响书写的哀歌。从某种意义上说，技术递给笨人工具，让他们变得更笨，但仍然可以幸福地生活。

悲观主义者可以将整个人类文明史写成人类变得越来越笨，只好发明越来越聪明的工具以弥补自身缺憾的历史。

为什么现在的机器可以做到 50 年前的机器做不到的事情？机器只是变得比原来更快、更便宜并且信息存储量更大。只因为这三点，机器变得无处不在。有什么事情是人类 50 年前可以做但现在不能做的？问问你的爷爷奶奶，你一定能得到很长一串答案，从生儿育女到辨认方向，从在车水马龙中开车到修理坏掉的鞋。或者可以去一个不发达国家旅行，在那里你也能找到答案。那里的人们仍然过着你祖辈一样的生活，你会发现对于他们来说是家常便饭的生活，而你却无所适从。我们什么时候才能看到一个机器人能够在没有红绿灯的帮助下过马路？可能还需要几十年。我们什么时候能够看到正常人不看红绿灯就不能过马路？可能这一天会来得更快。从简单的日常琐事来看，我们可以得出结论：人类智能不是“爆炸”（exploding），而是内爆（imploding）。基于事实，我们可以说，机器没有变得更聪明（只是速度变得更快），而是人类越来越笨。因此，很快就会出现比人类更聪明的机器，但原因不仅仅在于机器变得更聪明。

在数字时代，普通人只需动动手指就可以获取各种知识，而原来知识的来源则是特定领域的“聪明”人。现在，即使不是某领域的专家，也能轻松运用该领域的知识。因此，用户缺乏深入学习知识的动力，他可以“借用”别人的“聪明才智”，这使用户“智能”不升反降（当然，操作设备的才干除外，但是，设备越来越易用，到最后用户只要会按下开机键就万事大吉）。不可避免地，人类对机器的依赖性越来越高，而机器对人类的依赖性恰好相反。

我经常主持 / 组织湾区的会议，投影仪是会议必不可少的一个设备。我很怀疑如果演讲人的电脑不能正常连接到房间的音频 / 视频设备，导致他 / 她不能播放准备好的幻灯片，他 / 她是否还能发表演讲。过去的几千年，人类一直在没有任何技术设备的帮助下发表演讲。显然，这样的时光已经一去不复返了。你能想象苏格拉底对柏拉图说“对不起，如果你的笔记本电脑里没装 PowerPoint，我就不能和你对话”吗？

或许图灵测试是一个自我实现的预言：我们（声称）在打造“聪明”机器的同时，我们也在把人变笨。

再次强调，我担心的不是机器变得聪明绝顶，而是人类变得蠢笨迟钝。人类丧失技能的速度在加快。每普及一个工具，人们就失去了一个学习相应技能的机会（算术或认路）。人类每次和机器互动，都需要屈就机器的智力水平（例如打客服电话）。无人驾驶汽车的车载电脑是否算得上真正的“驾驶”，这个问题可能永无定论，但我们肯定知道无人驾驶汽车将带来怎样的影响：那代人将不再会开车。机器（袖珍计算器或街道导航仪）替代人的技能，因而人接受的相应训练量减少，最终机器将使人类丧失这项技能。这个实验在人类身上不断上演，最终会带来可怕的结果：人类出现历史上首次智能大倒退。

公平地说，并不是技术本身让我们变笨。真正的始作俑者是技术产生的系统。第一步通常会制定一些规章制度，使流程简化、规范化。无论是快餐连锁店点餐，还是查询账户余额或是开车，都无一例外。一旦这些规章制度落实到位，技术取代人的技能就变得易如反掌：执行这些任务几乎无需人类动用技能，在这个意义上说，人类已经变成这类任务的“菜鸟”。在某种意义上说，技术往往是果，而不是因：一旦执行任务所需的技能大打折扣，用机器取代人类操作员也是水到渠成的事情。

伯特兰·罗素（Bertrand Russell）曾对维特根斯坦（Ludwig Wittgenstein）说过：“我们讨厌思考，我们正在建设一个不用思考的社会。”当然，不长脑的机器和不思考的人没什么两样，不是因为机器已经变得和人类一样善于思考，而是人类已经变得像机器一样没头没脑。

为了社会有条不紊、安定地运行，人类建立了社会的规章制度。它带来的副作用是我们的“思考”变少。

我在前文说过，可以通过两种方式实现图灵测试：（1）使机器变得像人一样聪明，（2）使人变得像机器一样愚蠢。

也就是说，人类文明或将经历三个阶段。第一阶段：机器的愚蠢和人类的智能并存；第二阶段：机器智能与人类智能共存；第三阶段：机器的智能与人类的愚蠢共存。

恕我直言，当我与政府官员或公司职员打交道时，我会想这些人像受过训练的猴子，按照固定的套路说一样的话、做一样的事儿，就算哪天被智能机器统治，也不会让人觉得特别意外。

所以，在后识字和后算术世界里，“奇”是什么意思？

28. 注意力集中的时长

这个话题更多与现代生活有关。虽然与机器关系不大，但它关系到“智能内爆”的说法。

我担心在我们这个时间成为稀缺资源的时代，太多决策者听到一些肤浅的观点就草率做决定。“电梯演讲”[①]甚至在学术界已成为普遍现象。持续30分钟以上的会议非常罕见（事实上，在权力最大因此最繁忙的高官看来，这是一种奢侈）。你吸引别人注意力的时间无法超过20分钟，但有些问题不能在20分钟内完全讲透彻。一些伟大的科学家虽然专业过人，但并不善言辞，这意味着在20分钟的学术辩论中，他们会败下阵来，即使他们的观点100%正确。太多讨论都不充分彻底，因为人们通过所谓的智能手机发信息，袖珍的键盘使人无法用心编写信息。新闻机构的调查记者群体逐渐萎缩的根本原因也在于此，即读者/观众的注意力集中时间下降，导致新闻媒体的可靠性不断下降。Twitter 140字的帖子正是注意力广度不断变窄的力证。

> **花絮：**2006年，Twitter开始对人类智能设定140字的数量限制；正是在同一年，深度学习提高了机器的智能水平。

我并不害怕机器会脱离人类控制，正如我害怕“电梯演讲”和“Twitter”的限制、决策者和普通人对事物的浅尝辄止将人类引向自我毁灭的道路。

现在，想组织一个秩序井然的活动已不太可能，因为习惯了发微信微博的参会人打开长长的电子邮件，只会读前几句话。人类面临的问题比这个还要严重几十亿倍，这样你应该明白为什么我最不担心的是机器变得太聪明，而最让我担心的是人类的交流互动变得愚钝。伊隆·马斯克（Elon Musk）等人（2014年10月，在麻省理工学院的AeroAstro 100会议上）都表示担心机器的智能水平达到这样一个地步，即它们可以制造更智能的机器；而我很担心人们的注意力集中时间变得太短，以至于无法解释这样

① 电梯演讲：在乘电梯的30秒内清晰准确地向客户解释清楚解决方案。——译者注

下去的后果。我看不出机器智能在加速发展，但我确实看到人类的注意力——即使不是全体人类智能——在倒退。

总之，让人类“变笨”有三种方法。所有这三个都与技术有关，但都是技术的负面效应。

第一，有个简单的事实是新的技术会淘汰一些人类技能，它们可能在一代人的时间内消失殆尽。悲观主义者认为我们的人性在逐渐流失。乐观主义者认为新技术将开发人类新的技能。我的亲身经历可以证明这两种观点都没错：计算机和电子邮件已经把我变成了多任务运行的高效半机械人，同时它们削弱了我给亲友写彬彬有礼、感人至深信件的技能（唉，我作诗的技能也不能幸免）。悲观者认为这样得不偿失，特别是它导致的某些基本生存技能丧失。

第二，为了实现安全与高效的目的，人类社会制定了各种规章制度。最终导致我们思考越来越少，即表现得越来越像（非智能）机器。

第三，紧张的生活节奏与过度劳累会大大缩短人们的注意力集中时间，这可能导致人们无法投入认真讨论，即“智能”概念变得越来越肤浅，即人类认知变成低级生物般的有限认知。

29. 你只是一个财务工具

手机、计算机和网络相结合让人们的联系范围达到史无前例的广度：动动手指，就可以联系到任何一个人。这对于那些希望广告覆盖尽可能多消费者的企业来说，肯定是个利好。但普通人与成千上万甚至上百万的个人联系，又有什么好处呢？ 我们一刻不停地与多个人互动（其中只有几个人是真正走心的），那是否还能够独处、沉思、“思考”（思索科学问题或回忆往事）？

你与谁交流，你就“是”谁，因为他们影响你成为什么样的人。在过去，这些人是朋友、亲戚、邻居和同事。现在，他们是遍布世界各地的陌生人（以及与你有共同回忆的老熟人）。你真的愿意变成“他们”，而不愿做自己吗？

你并没有让自己置身于人群中：你的周围只是智能手机和笔记本电脑一类的工具。

如果你周围都是哲学家，你很可能会成为哲学家，哪怕只是一个业余哲学家。如果你周围都是读书爱好者，你有可能读了很多的书。如果你周围都是物理学家，你可能理解相对论和量子力学。以此类推，如果你的周围都是帮助你与人和世界交流的工具，你会变成什么样呢？

制造／积累信息比自己理解和让别人理解信息要容易得多。

Chapter 4

第四章

人工智能与人类智能——人的机器化

30. 语义学

私下里与别人谈论“机器智能”时，我会开玩笑说“智能机器”这个词本身就是个无稽之谈：机器和人的行为完全不是一回事儿，因此，机器既不“智能”，也不“愚蠢”（这些本是人类的专属特性）。谈论机器的智能，就像在谈论人的叶子：树有叶子，人并没有。“智能”和“愚蠢”不是机器的属性：它们是人的属性。机器不会思考，但它们有别的专长。机器智能和人类家具一样，是个悖论。机器有自己的“生命”，但它与人类的生命不同。

我们用了很多描述人类行为的词语描述机器，只是因为我们的词典里没有相应的词汇。例如，我们为电脑买“记忆”（memory），但它跟记忆（memory）没有半点关系：它不会记得（只是存储），甚至也不会忘记。而这是（生物）记忆的两个决定性属性。我们称之为“memory”，是因为没有想到更恰当的词。我们谈论处理器的“速度”，但它与人类跑步或开车的“速度”不同。我们的词典里没有描述机器行为的专有词汇。我们借用了形容人类行为的词汇。如果因为我们用了一样的词语，就模糊了人类和机器的边界，那我们就大错特错。如果我见到一种新的水果而不知道它叫什么，就随口给它起名“樱桃”，这并不意味着它是樱桃。计算机不会“学习”：它提炼数据表达方式，并不是在学习，还是在做另一种（人类不会做的）事情。

这不只是语义的问题。数据存储不能等同于记忆。当我们说数据存储能力实现指数增长时，我们忽略了一个事实：统计意义上的指数增长之于智力的关系相当于其与信用卡欠款的指数增长的关系。只是因为一定顺序排列的0和1与过去的某个0和1排列匹配，这并不意味着机器“记住”了什么事情。“记住”并不是指简单地在数据存储中搜寻匹配数据。记忆并不存储数据。

事实上，人不可能原封不动地重复同样的故事（不遗漏任何情节，声调保持一致），人无法用一模一样的词语讲两遍（每次使用的词会略有不同）。被别人问起你是做什么工作的，即使这个问题被问过一千遍，每次你的回答也不尽相同；即使你试图重复五分钟前同样的话，语序也可能不同。记忆具有“重建性”，这是弗雷德里克·巴特莱特（Frederic Bartlett）在 1932 年提出的重要观点。我们记住事情的方式非常令人费解，而我们想起事情的方式同样令人费解。我们不只是“想起”某件事情：每当我们想起了什么，可能会勾起我们对过去的全部回忆。记忆是相互交织在一起的。当听到或看到什么话语，你鹦鹉学舌般地一个字一个字重复（鹦鹉和录音机都会），并不能让你理解话语的真正含义，但是你会用自己的话总结一下：这才是我们所说的“智能”。我有一个爱好，就是阅读读者改写后的我的文章。他们有时会采用完全不同的词语，有时比我的原版还精彩。

我们的记忆非常不靠谱，甚至令人难以置信。朋友给我推荐了一篇“几个星期前”《纽约时报》上刊登的大卫·卡尔（David Carr）介绍硅谷的文章。我们来往了好多封电子邮件才弄清楚：（1）文章的作者是乔治·派克（George Packer），（2）文章刊登于《纽约客》，（3）文章发表于一年前。然而，我们的记忆力也好得令人吃惊：在一次与朋友的闲聊中，我简单表达了一下我对硅谷文化的看法，短短几句话就让她想起一年前曾读过的一篇文章。她的记忆已经不仅仅是对这篇文章的总结，而是对它的种种特性的提炼，让她能够发现我的寥寥数语和文章之间的共同点。只用了一秒钟，她就从我的话（可能还语法不通，句子不连贯，因为当时我们在一个咖啡馆，我也没打算发表正经八百的演讲）联想到她曾经读过的上千篇文章中的一篇。

迄今为止，所有已知的智能形式使用的都是记忆，而不是数据存储。我想，为了开发一个与最简单的生命有机体相当的人工智能，我们可能首先需要创造人工记忆（不是数据存储）。单纯的数据存储永远不会有记忆力，无论它每一毫米能压缩多少兆兆字节。

科学文献中把电脑一样的人称做“学者征候群”：拥有惊人记忆力的傻瓜（智商非常低）。

我并不是主张机器应该和人类一样健忘、迟缓。我只是说我们不应该被某些不恰当的、带有误导性的词汇牵着鼻子走。

数据也不能等同于知识：即使积累了所有关于人类基因组的数据，也并不意味着我们掌握了人类基因的工作原理。即使我们拥有完整的数据，我们也只是窥探到基因学的冰山一角。

我问过一个朋友，无人驾驶汽车怎样处理堵车问题。他说：“它知道周围有车。”我并不赞同这种说法。无人驾驶汽车上装有传感器系统，不断向电脑传送信息，进而计算出行车轨迹，并将其传给控制方向盘的发动机。这跟我们说我们“知道”并不是一回事儿。汽车不“知道”，周围有其他车，它并不“知道”汽车的存在，它甚至不“知道”它是一辆汽车。汽车的确有某种表现，但并非“知道”。这不仅仅是用词的问题：因为汽车不“知道”自己是汽车，正行驶在路上，周围都是汽车，它也缺乏基于此的一切常识或一般概念。如果一头大象从天而降，驾驶汽车的人至少会感到惊奇（也可能害怕眼前奇怪的景象），而汽车只会简单地把大象解读为停在高速公路中间的物体。

2013 年，斯坦福大学的研究人员曾训练机器人乘坐电梯，他们发现一个棘手的问题：机器人把电梯玻璃门里自己的影子当做另一个机器人，会在门前停下来。机器人不“知道”那是玻璃门投射的影子，否则它会很容易判断并没有任何机器人朝它走来，只是一个逐渐变大的影子，就像你朝着镜子走的效果一样。

我们习惯于用认知性的术语描述机器，包括计算机，而这个习惯由来已久，远远早于计算机（“电子大脑”）的发明。因此，认知性词汇使人们误认为计算机具有“思维活动”属性。我们通常对其他机器没有这种反应。

洗衣机被用来洗衣服。如果推出在几秒钟内能洗好几吨衣服的洗衣机，消费者会欣喜若狂，但大概没有人会把它跟人类或超人类智能扯上关系。请注意：电器所做的事情非常了不起。甚至还有一个名为“电视机”的机器，向你展示别的地方正在发生的事情，这是任何智能形式都无法做到的壮举。我们没有给电视机冠以认知属性，即使电视机可以做一些超出人类智能范围之外的事情。

暂且不说“智能”，让我们来看“快乐”。“快乐”是人类的基本状态之一。机器什么时候会“快乐”？这样的问题本身毫无意义：这就像问什么时候需要给人浇水一样。浇水的对象是植物，而不是人类。“快乐的机器”这一词组本来就不成立。某一天，我们可能会这么说，表达的意思是机器已经实现了其目标或者它的电量充足，但这仅仅是临时用词。我们称之为“快乐”的事实并不意味着机器“真正”快乐。

语义学对于了解机器人的真正功能至关重要。加州大学伯克利分校的彼得·埃贝尔（Pieter Abbeel）发明了灵巧的机械手臂，具有超人的灵活度，会叠毛巾。但它叠毛巾和人类叠毛巾不属于同一个层面的含义。埃贝尔的机器人拿起毛巾，甩一甩，转一转，在桌子上叠好。机器人可不断重复这个动作，不眠不休，分毫不差。酒店的服务员叠毛巾完全是另一幅景象。她拿起毛巾，叠好……除非毛巾还没有干，或有一个洞，或需要先洗干净，或者……这才是“叠毛巾”的正确方式。机器人不是在叠毛巾：它只是在进行机械运动，叠毛巾只是运动的结果，但有时会叠一堆不能用的毛巾。服务员挣那份工资，不是做机械式的叠毛巾运动。她/他的价值在于叠毛巾，而不是“叠毛巾”（引号内外含义不同）。

清理桌子不是把桌上所有的东西一扔了之，而要辨别哪些东西是垃圾，哪些东西不是，哪些东西要被放到别处，哪些东西要留在桌上（比如，装满鲜花的花瓶，而不是盛满凋零花朵的花瓶）。

的确，现在的机器可以进行人脸识别甚至场景识别，但他们无从解读这些场景的含义。可识别场景的机器的到来指日可待，它能识别“有人在商店里拿起一件东西”的场景，但什么时候可识别“有人从商店偷东西”场景的机器才能问世？人类是在一定的语境中理解一句话的含义：有些东西是商店里待售的货物，而一个人拿着这些东西就走，那他就是小偷；这个场景跟店员在货架上理货或客户拿着东西到柜台结账的场景截然不同。我们可以训练神经网络识别很多事物，但机器完全不明白它们的真实含义。

即使有一天，我们成功研发了一个可识别扒手的机器，但这时候，我们仍要分析更深层的理解力：发生这种场景可能是恶作剧，从当事者之一面带微笑而我们知道他们是老朋友，就可以做出这样的判断。在这种情况下，你不会打电话报警，只会站在一边等着看一场好戏。如果我们发明了甚至可以识别恶作剧的机器，我们仍然需要提高机器的抽象思维能力，使它能区分电影中发生的场景与现实场景。诸如此类，等等。人类大脑能轻松解读这些情况：同一个场面可能有很多不同的含义。

你使用的汉译英的机器翻译软件并不知道中国话的意思，也不知道英文单词的意思。如果有句话是：“天哪，有炸弹！”机器翻译软件只会照本宣科地将其翻译成另一种语言。而人类译员会大喊：“大家赶快出去！”马上拨打报警电话，而且——拔腿就跑！

智能指的不是识别动作的错误率低，而是“判断”动作的目的是什么。识别错误其实没什么大不了。人类犯错误都在所难免。有时候我们走在路上，会把一个陌生人错认为老朋友。我们也会一笑了之。这也是人机语义学差别的另一种表现。如果我们犯下与计算机识别场景时同样的失误，我们一笑了之。

我刚刚搜索有关“圣·奥古斯丁[①]，时间是什么”的图片，最有名的搜

① 圣·奥古斯丁（Saint Augustine），公元5世纪的哲学家，“时间是什么”（What is time）是其著作《忏悔录》中的名句。

索引擎给出的结果是比萨饼的图片。人类的正常反应是：当有人（或机器）犯下如此愚蠢的错误，人类会大声笑出来。真正的图灵测试应该是：我们什么时候能发明在其他电脑或自己犯下愚蠢的错误时，能笑出声来的电脑？

有史以来，使用人类语义学最智能的机器莫过于IBM的“Watson ”与谷歌的“AlphaGo”，但它们仍然笨得令人难以置信。它们甚至不会煎蛋卷，也不会整理衣橱，不会坐在人行道上说邻居的家长里短（我们通常不把这些人类活动算作“非常智能”）。一个非常愚笨的人可以完成比目前最智能的机器多很多倍的任务，而这很有可能是因为人们从根本上误解了“智能”的含义。

还有种说法叫做“不断进化（evolving）的人工智能系统”，映射出机器的形象越来越智能。这可能有多层的含义：（1）开发能更好地解决问题的软件，（2）通过学习人类行为自我提高的软件，（3）通过自学自我改进的软件。当我们说一个物种在自然界中进化而来，并不包含上述这些意思。在自然中的进化意味着一个人的孩子都各不相同，然后在自然选择法则下，适者生存。经过几千代的更迭，人类将进化成不同的种群，完全看不到第一代人的影子。没错，软件程序在不断升级换代，功能越来越强大，但称之为“进化”并不恰当。“进化”一词暗含的隐喻（和包含的感情色彩）并不适用于今天的软件。进化的软件并不存在。即使你真的想用“进化”一词，你应该知道软件的“进化”在于编写软件的工程师。如果明天海狸筑坝的质量提高，你说是水坝还是海狸的进化？

所有误解的根源在于我们将一些技术归类为“人工智能”。人们会不言而喻地认为这些机器配有这些技术，将很快变得和人类一样智能，技术曾经、正在并将要提高机器的智能化水平。例如，棘轮装置和陀螺仪使一些机器更加智能化，包括时钟、动作感应装置，但人们并不担心棘轮装置和陀螺仪可能消灭人类、接管世界。自1949年斯塔尼斯拉夫·乌拉姆（Stanislaw Ulam）发表第一篇论文以来，蒙特卡罗（Monte Carlo）方法被广泛应用于模拟。它们通常被归类为“数值分析”，有时被归类为“统计分析”，没有人对它心存忌惮。从数学角度讲，它们是应用统计方法找到解决由数学函数描述的没有已知解决方案的问题的方法。听起来很无聊，对吗？但是正是通过蒙特卡罗方法之一的蒙特卡罗树型搜索，AlphaGo 决定下棋的路数。现在，听起来并不枯燥了，对吗？如果我们现在把蒙特卡罗方法归类为“人工智能”，无害的统计技术突然变身某种危险的智能代理，媒体将开始大肆渲染这一技术将如何缔造超智能机器。这就是“神经网络”正在经历的事实。1958 年，心理学家弗兰克 · 罗森布拉特（Frank Rosenblatt）建立了第一个“神经网络”，他的目的实际上是为人类大脑的工作原理建模。今天我们知道现今的神经网络早已和这个没什么太大关系。这就像把汽车比作马，因为汽车最早被称为“无马的马车”（我们还是用“马力”衡量汽车的动力！）。神经网络的进展并非基于神经科学，而是基于计算数学：计算机可以执行我们需要的数学函数，并且可以在有限的时间给出答案。将其称为“神经网络”会让人们想到大脑，然后联想到好莱坞电影中的形象。如果我们称之为“约束传播”（constraint propagation，事实的确如此），则只会让人想到上高中时讨厌的代数。

31. 机器的加速进化

每当新闻报道中提到机器执行这样那样的任务，进步神速，它实际上是在诱导人们认为，在短短几年内机器取得了人类数百万年进化的成果。这个观点就像：“是的，开发一台识别猫的机器用了几年时间，但一个生物需要进化多少年才能认得猫？”

事实是，任何人造技术都间接地拥有上百万年的发展史，因为它的创建者（智人）进化了上百万年。没有人类，就没有机器。因此，机器源自 ENIAC（电子数字积分计算机）的说法不正确：机器是数百万年进化的产物，就像人的鼻子一样。现在的机器比几年以前的机型好很多，这并不能称为进化：是人类使机器进化（并将持续之）。

世界上还没有能创造另一个更高级机器的机器，是我们创造了更好的机器。

我们有能力制造机器（和工具），因为经过数百万年的进化，我们具备了一些技能（而机器并不具备）。如果人类明天早上灭绝，机器的进化也就到此为止。当今所有的技术都会落入一样的下场。如果所有的人都死了，所有的技术都将和我们同归于尽（再经过数百万年的进化直到新的智能生命出现，并开始重新制造手表、自行车、咖啡壶、洗碗机、飞机和计算机）。因此，严格意义上来说，技术的“进化”并不存在。

这是另一类张冠李戴的情况，即我们将一类事物的属性应用于另一类事物上：生命体在进化，而机器做的是另一类事情，我们也称之为“进化”，但实际上有不同的含义。更恰当的说法是技术“已被进化”，而不是“已进化”：自问世以来，计算机一直被（人类）迅速地进化。

（今天的）技术不会自己发展：我们造就它们的发展。

如果有一天机器无需人类干预即可生存，并且无需人类干预即可创造别的机器，到那时机器才能当之无愧地被称为“进化”。

据我所知，这样的机器还不存在，这意味着所谓的机器智能的进化为零。

聪明的不是机器，而是设计机器的工程师。他们是数百万年进化的产物，机器是数百万年人类进化的副产品。

（请参阅本书附录的不同观点：也许我的观点完全错误，技术在进化，我们是技术进化的工具）。①

---

① 我们认为作者这部分的观点都源于英语本身的局限性。像他提到的绝大部分例子，在汉语表达中并不存在这样的误会和困扰。因此在翻译中，为了保持意思传达的完整性，我们尽量选择了一词一译。

——译者注

32. 非人类智能已经到来

现在已经有很多种我们无法比拟也没有真正参透的智能。蝙蝠可以在绝对黑暗中以惊人的速度避开物体甚至捕捉飞虫，因为蝙蝠的大脑具有高频声纳系统。迁徙动物无需借助地图就能够自己定位，在广阔的天地间不迷失方向。鸟具有感觉地球磁场的第六感。有些动物有伪装的本领。鸟类、鱼类和一些昆虫的色彩感觉超凡。许多动物在黑暗中能看见物体。动物可以看到、闻到和听到人类不能看到、闻到、听到的东西，机场仍在沿用警犬（而非人类）来检测食品、毒品和爆炸物。昆虫的大脑也不容低估：有多少人会飞，并能倒挂着停在天花板上？

今天，几乎所有的狗都是被人驯养的生物：它们是选择性育种策略的结果。如果你认为你的狗很聪明，那么它就是你家的“人工智能”。

讽刺的是，当德博拉·戈登（Deborah Gordon）发现蚁群的团队协作与互联网所使用的分组交换技术非常相似（《无空间信息规制的蚁群觅食活动》，2012）时，媒体写道，蚂蚁可以做互联网能做的事情，事实上蚂蚁已经这样生活了约 1 亿年：人类智能用了 20 万年才弄清楚其他智能设计的通信系统。

总之，许多动物具备我们并不具备的能力。我们自以为是地认为“它”有“人”无的技能属于低级技能，而“人”有“它”无的技能属于高级技能。这让我想到一个问题，什么样的技能算得上“超人类”？只是因为它是机器，而非动物的技能？

而且，当然，我们已经创造了完成人类不可能完成的任务的机器。钟表，大约发明于一千年前，可以做一些人类无法做到的事情：测时。望远镜和显微镜能让我们看到肉眼看不到的东西。我们只能在人类的认知范围内解读这些机器，这相当于更高级的智能用较简单的语言向低级智能解释某些现象。我们无法像灯泡一样发光，我们也做不到像唱片机一样，通过碰触旋转的黑胶唱片的凹槽，就能发出整个爱乐乐团的声音。当然，计算机也在这样的设备之列，它的计算速度比任何数学家都要快得多。即使是20世纪40年代的早期数字计算器（例如，用于计算弹道轨迹的计算器）都比人脑的计算速度要快。事实上，我们属于后人类，与技术共存，依赖技术，并由技术指引。这些技术可以实现超人类的壮举（哲学家们一直在争辩后人类环境是反人类还是亲人类）。

动物和工具的智能不被称为“超人类”，只是因为我们的习惯使然。机器人好像不管做什么都比我们强，我们都还没有习以为常，因此我们称之为“超人类”，而事实上应将所有那些统称为“非人类”，或者“非人类智能”，这也取决于你对“智能”的定义。

如果机器有了生命（还能繁衍后代），并且能做许多人类做不到的事情，那也只是另一种形式的非人类生命：既不空前，也不绝后。当然，现存的很多生命形式对人类有危害，大多数体积微小（比如病毒和蜱）。它们都是人类的天敌。如果非要称之为“超人类”，请您自便。

一个基因之差会造成大脑结构和功能的天壤之别，黑猩猩与人类DNA之间的细微差别就说明了这一点。基因疗法已成体系，而且的确发展迅速。改变人类DNA基因可能造成比想象还要惊人的后果。这就是为什么我选择相信“超人类”智慧，如果它最终能得以实现，更可能是合成生物学而非计算机科学的成果。

在人的成长和发育过程中，同一个人的“智能”都会有质的差别。从让·皮亚杰（Jean Piaget）的时代，心理学家们开始研究孩子的心理生活如何发生巨大的质变，在某个阶段，有些任务对他们来说完全不可能，而进入新的阶段后，这些任务变得易如反掌：从上一个阶段的角度出发，每一个新的阶段都代表了“超级”智能。孩子处于某个年龄时，认为世界上只有自己和父母。孩子的大脑无法想象世界上还有其他人，有动物、树木、海洋、山脉等；无法想象人为什么必须学习和工作，更何况令人费解的性和孩子怎么来的问题，以及有一天自己会死去。所有这一切都出现在以后的生命阶段中，每经历一个阶段就打开一个新的认识维度。（我不知道这个过程是否有终点：如果我们健康地活了 200 年，我们的理解力会达到什么样的水平？）我现在的智力与小时候相比，称得上“超级”。

同时，试试以孩子的学习速度学习语言或其他技能。孩子的心智可以做到成年人无法做到的事情：有时你觉得你无法明白他们的心思，认为他们是小怪兽。孩子也是超人，正如艾莉森·高普尼克在《宝宝也是哲学家》一书中所表达的观点。有人猜想，如果我们一生都保持孩子的心智，我们会怎么样（本书后面对此会有详细阐述）。

33. 超人类智能的意识

（警告：本节和下一节内容充满无聊的哲学思辨。）

如果非人类智能随处可见，那么是什么使某个特定的非人类智能成为“超人类”？但是，我们现在对“超人类”尚未有清晰的定义（意思与简单的“非人类”相反）。

不过，我认为超人智能至少具备一个特点：意识。人类的思考、感觉、痛苦、快乐都属于意识。人类有意识，比人类高级的智能理应也有意识。

我们知道人类大脑有意识，但我们并不完全知道它的原因和工作原理。我们也不完全知道是什么让我们有意识，我们大脑内部的电化学过程怎样产生情感和情绪（我写过一本书，名叫《*Thinking about Thought*》，是对最有影响力的关于意识的观点的调查）。你的大脑的电子副本可能有也可能没有意识，可能是也可能不是“你”。我们无从知晓如何创造有意识的生物，甚至不知道如何搞清楚某个事物是否有意识。如果我们制造的机器结果自发有了意识，这完全是我们撞了大运。

然而，我怀疑被我称为“超人类”的东西在意识方面并不比我高明，不管它计算 2 的方根到亿位小数的速度有多快，不管它识别猫的能力有多强，也不管它的棋艺有多高超。

然而，你可能会反驳我的观点：超人类智能无需有意识。你可能会反驳说，感情和情绪都是弱者的表现，强者并非如此。意识让我们哭泣，感情引起我们犯下为之后悔的错误，有时候会让我们做出伤害自己或他人的事情。也许超越人类智能的真正奥秘在于智商高于人类且毫无感情。

事实上，“意识”之于处理信息的机器与处理能量的生物——比如人类的意识，截然不同。我们的感受性（意识感觉）会测量能量的等级，比如灯光、声音等，如果处理信息的设备有感受性，它也应与信息水平有关。不是与现实世界相关联的感受性，而是与信息世界的“虚拟”生活有关。

目前，尚未明确超人类智能是否先要经过人类智能这一步：在通往超人类智能的道路上，是否可以跳过人类智能这一步？在超越人类智能之前，机器智能是否会在某个阶段跟人类智能处于同等水平？还是机器能找到直接通往超人类智能的捷径？

我们无法通过生物智能举一反三，因为机器智能的发展方式与生物智能的进化方式完全不同。大自然的工作方式很简单：新物种无需从头开始攀爬智能阶梯：他们的起点是某个既定的智能水平，跳过较低的阶段。例如，人类智能从来没有经历过与细菌智能不相上下的阶段。人工智能的工作原理不同：人类不断调试软件程序，提高它们的智能化水平，而且这些软件程序可以在所有计算能力足够强大的计算机上运行。人工智能的进步是软件的进步（可以在任何硬件上运行），大自然的进化是硬件的进步（包括大脑在内的硬件，反过来，在某种程度上也包含名为“心智”的软件）。

34. 超人类智能的智能

机器智能需要什么才能达到人类智能水平?

有人试想：只需建立一个人类大脑的电子副本。如果我们将你的大脑中的每一个神经元都替换成电子芯片，我不确定那样的你还是不是“你”，但你的大脑仍将产生某种人类智能，对吗?

不幸的是，建立你的大脑的完整副本这一设想还遥不可及（请注意，我一直说“你的”，而不是“我的”）。有点让人泄气的是，目前已知的最小的大脑——蛔虫大脑（由几千个突触连接的 300 个神经元）也比有史以来最聪明的人工神经网络聪明。

如果你认为假设的大脑电子副本不会像你本人一样聪明，那么你是在暗示大脑的“原材料”本身很重要；但机器智能不可能达到人类智能水平，因为机器不是由相同的“原材料”制成的。

再次回到这个问题，没有意识的机器能否达到人类的智能水平？如果想和爱因斯坦一样聪明，是否需要有意识？ 机器能否像没有任何感情和情绪的爱因斯坦一样聪明?

“机器智能”是否需要一应俱全，是否需要包含你头骨中充满的神秘莫测的、无声的存在，包含大片未被开发的潜意识思想和感情？我听到你说的话，只是反映了你的思想和感觉的一小部分。我观察你，看到你做的事，也只是你的想法、梦想、计划的很小的一个片段。我听一个机器人说话，这是它“想”说的全部内容。我看到机器人在动，也是它想做的唯一一件事情。

35. 结构化环境中的智能行为

当你在一些不发达国家乘坐公交车时，你不知道它会什么时候进站，车票卖多少钱。事实上，你甚至不知道公交车长什么样（它可能是一辆普通的卡车或面包车），以及在哪里停。上车后，你要告诉司机在哪儿下车，并希望他会记得。如果赶上司机心情好，他甚至可能绕道把你放在酒店门口。而你在发达国家坐公共汽车则是截然不同的体验。有正式的公交车站（如果你站在公交车站前后，公交车都不会停），公交车的线路清晰可辨并标有明确的目的地，绝不会随意更改路线绕道行驶，司机不得与乘客聊天（有的公交车驾驶舱是封闭的），必须在自动售票机上买票并找零（有时需要在公交车上的另一台机器上检票）。公交车有专门的下车门，因为LED屏幕上会显示公交站的站名，你会知道从哪儿下车。许多火车和长途公交车需要对号入座（你只能坐票面指定的座位）。

开发一个在发达国家乘坐公交车的机器人绝非难事，而开发一个可以在不发达国家乘公交车的机器人则难上加难。难易程度的分水岭在于机器人运行的环境：环境的结构化程度越高，机器人越容易适应。结构化环境中无需过多“思考”，只要遵守规则，你就能达到目标。然而，真正“成就”目标的不完全在于你，而是你和结构化环境互相作用的结果。这就是关键的差别所在：在杂乱无章、不可预知的环境中运行与在高度结构化的环境中运行完全不是一回事儿。环境的不同会带来巨大的差异。开发一个高度结构化的环境中运行的机器非常简单，就像子弹头列车以300公里/小时的速度奔驰在铁轨上一样简单。

我们在杂乱无章的大自然中建立秩序规则，因为在这样的环境中人类更容易生存和繁衍不息。人类在结构化生存环境方面，已经取得巨大的成功，建立起了简单的、可预见的规则。这样，我们就不需要“思考”太多：结构化环境让我们有章可循。我们知道可以在超市找到食物，在火车站搭乘火车。换句话说，环境使我们变笨了一点，但任何人都可以实现原本艰巨、危险的目标，即对人的要求更高。当系统出现故障，我们会紧张不安，因为我们必须开始思考，找到一个解决非结构化问题的方法。

如果你在巴黎旅行，遇到地铁罢工，并且根本打不到出租车，你该怎么做才能按时赴约？信不信由你，大多数巴黎人都有办法。大多数美国游客却办不到。如果没有交通灯，汽车看到行人也不停，交通状况糟糕得一塌糊涂，你怎么过宽敞的马路？信不信由你，某些地方的人的日常生活就是如此。不用说，大多数西方游客需要花好多天去适应。

人类在构建混沌的宇宙过程中，取得的成就令人惊叹。世界秩序越发井然，笨人和机器越容易生存壮大。

机器人工业的要求往往与结构化环境有关，而非机器人本身。如果高速公路具备明确的车道标志、清晰的出口标志、有序的交通、详细预报前面的路况的地图等条件，制造一辆在这样的高速公路上行驶的无人汽车相对容易。相较而言，制造一辆能够穿越德黑兰或拉各斯的无人汽车的难度就非常大（难度提高几个数量级，这是对伊朗和尼日利亚司机的恭维，而不是侮辱）。有人认为电脑开车与事实并不相符：不是电脑在开车，而是在结构化的环境中，任何经验不足、不太聪明的司机，甚至一台电脑，都可以开车。现在的电脑还无法在拉各斯和德黑兰的交通状况下开车。如果拉各斯和德黑兰的街道变得和加州的街道一样结构化，如果伊朗和尼日利亚的司机被迫严格遵守交通规则，电脑就可以在那里开车。说车载计算机操纵无人驾驶汽车就好比说火车头知道火车行驶的方向：机车只是在铁轨的约束下，带着火车朝正确的方向行驶。

为了让无人汽车在我们的街道上行驶，我们需要改造街道，安装一些设备以告诉汽车如何在每个点做相应的动作。这无关智能，而是老式的基础设施，保证非常愚蠢的无人汽车能够安全行驶；换句话说，我们需要类似于导轨和控制器的高度结构化系统，使汽车像火车一样快速、安全、精准地行驶。

最近，当我离开某个发达国家，在它首都的机场兑换3美元的当地货币。整个兑换程序简直愚蠢得令人难以置信。我必须出示护照、登机牌、以前货币兑换的收据，才能拿到钱。仅仅换 3 块钱，操作过程繁冗不堪。在海地和多米尼加共和国的交界处，情况就截然不同。有一片鱼龙混杂的地方，出租车司机、水果摊贩和警察的声音以及叫卖的声音此起彼伏，有一群地下货币兑换商追在游客的身后。我必须判断哪些是本分的货币兑换商不会骗我的钱，然后在汇率上讨价还价，确保自己换的是真钱，同时要保护我的钱包不被扒手偷走。开发西方国家的首都机场兑换货币的机器人并不难，而开发一个游走于海地和多米尼加共和国边境之间的货币兑换机器人的难度陡增（难度提高几个数量级）。

环境的结构化程度越高，制造在其中运行的机器就越容易。真正“做到的”不是机器——而是结构化的环境。使许多机器的应用得以实现的不是更加先进的 A.I. 技术，而是结构化程度更高的环境。它的规则和章法使机器可以自由运行其中。

使用自动电话系统时，你无法直接对着电话说你遇到了什么问题。你必须先按 1 选择英语，然后依次按 1 选择客户支持、按 3 说明你的位置、按 2 说明问题类型，然后按 4 和 7，等等。只有你在人机互动中褪下人类的特质，表现得像机械世界的机器一样，机器才能取代人类操作员，正常执行任务。而不是机器表现得像人类一样。

无人汽车必须实现的一个基本功能是在汽油用光之前能停在加油站。无人汽车能否自动进入加油站，停在加油泵前，刷信用卡，拔出软管，往油箱里加油？当然不能。当务之急是为无人汽车营造适合的结构化环境（更准确地说是为车上的传感器），因此汽车无需表现得像一个智能生物。无人汽车的加油站、加油泵以及付款方式与人类司机目前所使用的有天壤之别。

顺便说一下，在建立高度结构化的环境过程中，大多数规则与制度的引进最早是为了降低成本（有利于自动机）。雇用机器是未来降低成本的可行性方案，引进机器是降低成本和提高生产率进程中的重要一步。创造超人类智能并不是目标，提高利润才是目标。

想想你最喜欢的三明治连锁店。你完全知道他们会问你哪些问题。三明治的制作过程结构化程度很高。当机器人变得足够便宜时，它们肯定会取代现在在三明治店打工的年轻人。这不是“智能”（今天的机器人的智能已经绰绰有余）问题，而是成本问题：现在的年轻人比机器人便宜。结构化三明治制作过程的重点是让没有经验的新手（工资低）取代经验丰富的厨师，完成他们的工作。

相反，环境的结构化程度越低，机器取代的可能性越小。不幸的是，医疗保健领域是非结构化环境的典型代表。医疗记录都以纸件保存，医生的笔迹出了名的难以辨认。机器在这种环境中可施展的本领少之又少。在这种环境中引入“智能”机器，首当其冲地需要结构化所有信息。信息“被数字化”并存储在数据库中，意味着信息的结构化完成。这时，所有人，甚至包括对医疗知识一知半解或毫无头绪的人，都能够在这种环境进行智能操作，甚至机器也可以。

事实上，我们并不是原封不动地自动化工作。首先，我们把工作非人化，将它变为按部就班的机械步骤。然后我们用机器来自动化剩下的工作内容。例如，我的朋友史蒂夫·考夫曼（Steve Kaufman）当了一辈子儿科医生，越来越感到他的技能不重要：病人就诊时，护士可以填写所有的表格，然后按下必要的电脑按钮；按照要求，医生逐渐转向用电脑写病历，甚至都不能与患者有任何眼神交流。这样带来的好处是减少一般患者在医院的时间，但它抹杀了“非结构化”世界中医生和病人之间的关系。如果人性的部分在医生的工作中消失殆尽，医生的工作将比较容易被自动化。但是，史蒂夫并不是这么做的。正如他所说，如果你不与哮喘病人建立关系，你可能永远不会知道他想自杀：虽然你治好了他的哮喘，但他还会自杀，而机器还会将这种病例归档为医治成功。

结构化环境也依赖于森严的规则和制度。我认为最形象的例子莫过于机场的登机流程。从值机柜台到登机口，我们像牲畜一样被对待。我们在机场商店短暂停留，被看做行走的信用卡，商店恨不得把我们刷爆。除了刷信用卡的部分，机场被建得像那种官僚作风严重的国家。

在不断结构化的社会背后存在一个基本悖论——深刻人性的表现是语言和行为的模糊性（事实上所有的生命形式皆有之）。与现在的机器相比，人类（动物）的优势在于随机应变。不幸的是，语言和行为的模糊不清让我们的生活充斥着错误信息和混乱，从而生活被更加复杂化。规则制度之所以有用，在于它们消除了社会的模糊不清，因而简化了我们的生活。不过，规章制度也有副作用，通过消除歧义，人类行为的结构化程度越高，人类行为就越容易被复制。由此人类变成了机器，要求高薪和各种权利的机器。任何企业用脚趾头想想，都会立即用不要求任何福利待遇而且价格低廉的机器来取代这种昂贵的“机器”。

在越来越结构化的环境中，惯例和实践最终也将成就“认知”能力的自动化。此时我在一边写书，一边观看丑态百出的美国总统选举活动。政治辩论正变得越来越结构化，提前拟定好流程、主持人照本宣科、严格规定只许问哪类问题、候选人死记硬背竞选团队为他草拟的新闻稿。由此不难想象，迟早有人会开发一种软件，完全可以替代政治家进行政治辩论，但这种软件之所以能够成为现实，主要是因为政治辩论缺乏真正的辩论，而非机器拥有雄辩的演讲技巧。此外，该软件并不能和一帮闹哄哄、醉醺醺的球迷热烈地讨论世界杯比赛。

结构化程度越来越高的环境正在并将要引发机器人和自动化服务的井喷式爆发。市面上大部分机器人和基于手机的服务现在采用的是较陈旧的技术。它们得以实现的必要条件是在高度结构化的环境中运行。

想想你自己。在各种不同的语境中，你的身份由各种数字来证明：护照号码、社保号码、街道地址、电话号码、保单号码、银行账户、信用卡账户、驾照号码、车牌号码……现在基本没有不用数字就能确定我是谁的地方。而我们越来越依靠密码来访问我们自己的信息。我们越削减数字文件的个人特征，越容易创建文件的“智能助手”——对不起，我的意思是“某个人”的助手。

从某种意义上说，人类正努力开发像人类一样思考的机器，而人类已经被机器同化得像机器一样思考。

插曲：智能机将回归杂乱无章的环境吗

环境结构化确实包含两个平行的过程。一方面，它意味着去除天然环境的杂乱无章、不可预知的（通常难以应对的）行为。另一方面，它还意味着去除人类混乱和不可预知的（通常难以应对的）行为。结构化环境与随之而来的各种规则制度的目的是用一个与你（难以捉摸的人类智能）相似的化身（其实它与你共用身体和大脑）代替你，但前者没有人类智能的稀奇古怪。人类的化身生活在与（完全非结构化的）自然世界相似但不像它那样花样百出的、高度结构化的虚拟世界中。

我的观点是，机器没有变得特别聪明，反倒是人类，通过结构化环境与规范化行为，变得越来越像机器一样，因此机器才能取代人类。

但是，如果机器变得真正“智能”，会发生什么呢？如果“智能”是指机器将变成人类被社会改造为服从规则的机器以前的样子，那么具有讽刺意味的是，机器可能获得所有的智能生命背负的“包袱”，即所有生命体表现出来的无法预测的、杂乱无章的、无政府主义的行为，也就是说恰恰是结构化环境和规则制度旨在压制的行为。

同样具有讽刺意味的是，如果创建智能机器会把机器变为（难以捉摸的）人类，与此同时，我们也在把人类变为（一板一眼的）机器。

另一个插曲：无序代表进步，秩序代表停滞

平衡并不是宇宙的常态。宇宙集合了数不胜数的“开放”系统，它们彼此之间交换能量、物质和信息。许多生机勃勃的系统远未达到平衡状态，而是处于所谓的“混沌边缘”。生物就是其中的一个例子：生物与所处的生态系统交换能量、物质与信息。人类一直都生活在“混沌边缘”。生命终止的时候，人才会达到平衡状态。我们可以把智能系统看做特别复杂的系统。

伊利亚·普里高津（Ilya Prigogine）、斯图尔特·考夫曼（Stuart Kauffman）以及其他许多人已经发现了这些系统的一个有趣属性。复杂的系统（从技术上来讲是“非线性”系统）在扰动的作用下会远离平衡点而达到一个新的临界点，在这个临界点上，系统可能会完全崩溃，陷入混乱，也可能会自发地重整为一个更高级的复杂系统。结果既不可预测，也不可逆。

僵化的社会中，规章制度允许一些行为，并禁止其他一些行为，几乎不留下想象空间。这并非复杂的系统。如果你违反了这些规则，你的下场是可预见的：坐牢，或者被开除。

“噪声”（扰动）对人类社会这样的自组织系统而言非常重要，因为它允许这样的系统发展。在合适的条件下，有噪声干扰的自组织系统将在更高层次——在一些情况下，与原有水平截然不同——上进行自我组织。我们越减少人类社会的“噪音”和不可预测性，人类社会就越不可能发展，更谈不上向更高组织形式发展。

在人类淡忘非平衡热力学后，智能机器可能会重新发现这一规律。

36. 人类被淘汰

无论是计算机专家还是普通人都担心我们（人类）可能会被淘汰，因为机器很快会取代我们。

杰克·古德（Jack Good）在他的论文《关于第一台超智能机器的推测》（*Speculations Concerning the First Ultraintelligent Machine*，1965）中写道："第一台超智能机器将是人类的最后一项发明。"汉斯·莫拉维克（Hans Moravec）在《关心后代：机器人和人类智能的未来》（*Mind Children：The Future of Robot and Human Intelligence*，1988）中写道："机器人最终将战胜我们：人类显然将面临灭绝。"2000 年，比尔·乔伊（Bill Joy）发表了《为什么未来不需要我们》（*Why The Future Doesn't Need Us*）一文。这类文章还有很多。其实，自从打字机和装配生产线问世以来，这种观点屡见不鲜。

当我们说"机器人会战胜我们"或"未来不需要我们"，我们真的需要好好想想"我们"的定义。装配生产线、打字机、计算机、搜索引擎、蒸汽机以及随后所有的发明取代了传统的工作。可以简单地说，它们已经取代了"工作"，而没有取代"人"。因此，已过时的是工作，而不是人；将要过时的也是工作，而不是人。人类是生物有机体（是他而不是"它"），会写小说，创作音乐，拍电影，踢足球，为环法自行车赛选手加油，探索科学理论，讨论政治，爬山，在高档餐厅吃饭……这些活动中哪些因为机器做得比人类更好而正在逐渐消亡？

当然，机器非常擅长高速处理大数据。好吧，在这方面，我们望尘莫及，正在迅速地被淘汰。事实上，我们也从来没有处理过大数据。极少数人会花时间去分析大数据。绝大多数的人都喜欢研究小数据：汽油价格、总统名字、足球联赛积分榜、口袋里的零钱、电费账单、地址等。大数据让人类感到头疼。事实上，这也是发明处理大数据的机器的真正动机所在。人类没什么动力发明参加环法自行车赛的机器，因为我们喜欢看真实的（人类）赛手用汗水浇灌那些陡峭的山路，我们很多人也喜欢在自家后面的山上骑行。我们不喜欢大数据，甚至在不久的将来，我们的后代都不会做算术题。

被淘汰的不是“我们”，而是我们目前的工作。自从第一个农场问世（史前采集者由此消失）以及车轮被发明（推车淘汰了大批搬运工）以来，这种情况就时有发生。当古登堡（Gutenberg）开始使用印刷机印书——装配生产线的前身，很多工作就退出了人类的历史舞台。

从那时起，人类开始坐车周游世界，捧着印刷书籍探讨哲学问题。

37. 保卫科技进步：增强智能

对电脑的抨击到此为止。电脑可能是自电视机以后唯一的主流电器，但与之前所有的电器相比，它有质的不同。洗碗机除了洗碗还能做什么？而电脑可以做很多事情，从传送邮件到显示图片。电脑集诸多机器的功能于一身。事实上，这是通用图灵机最基本的特质：解决普遍性问题。图灵从未想到它的应用范围如此之广，从电话交谈到社交媒体。

奥秘在于软件。

事实上，物质世界的进步寥寥无几，但由电脑创造的虚拟世界的进步却硕果累累。20 世纪 90 年代在线服务的铺天盖地，2007 年以来智能手机应用程序的爆发，都是虚拟世界进步的力证。

也许更为重要的是，熵定律并不适用于软件：根据热力学第二定律（熵不可能减少），宇宙中的一切物质都必然衰退死亡。这一定律并不适用于软件。软件永远不会衰退。软件可以建立一个世界，在那里热力学第二定律并不成立：软件永不会变老，永不会衰退，也永不会死亡（不幸的是，软件需要硬件来运行，而硬件会衰退）。

美中不足的是，软件不是实体，因此它只有连接到机器上才能工作。软件不会做饭也不会开车，除非我们把它装入电脑，并把电脑连接到合适的机器上。没有打印机、屏幕或扬声器，软件甚至都无法实现任何功能。

没有载体的软件就像是没有落地的想法：一个实际上并不存在的抽象概念。

软件只有与处理器结合才能真正存在。反过来，最终只做二进制代数的处理器，必须连接到另一台电脑上才能执行一项任务——煎鸡蛋或启动汽车。

事实上，这等于把普遍问题解决者连接到特定问题解决者。然而，有一种方法可以将普遍问题解决者的价值最大化：把它连接到另一个普遍问题解决者，即人类的大脑。

有人会说，到目前为止，人工智能一直未能兑现，但“增强智能”其实已经成功超出它的创始人的期望。20世纪60年代，两大思想派别在硅谷盛行。一派以约翰·麦卡锡（John McCarthy）带领的斯坦福大学人工智能实验室（简称SAIL）为代表，声称机器将很快取代人类。另一派主要以相隔不远的道格·恩格尔巴特（Doug Engelbart）的斯坦福研究院（现在的斯坦福国际研究所，简称SRI）为代表，认为机器将“增强”人类智能，而无法取代后者。恩格尔巴特一派相继发明了图形用户界面、个人计算机、互联网和Siri一类的虚拟个人助理。所有这些“增强”人类智能的发明并不一定能提高人类智能，也不一定能创建非人类智能，但是有了这些设备，人类智能无异于如虎添翼，能做到“更多”的事情。

搜索引擎既是“令人称奇的”增强智能，又是“令人失望的”人工智能。让搜索引擎跟上用户提供内容的指数增长速度一定非常难。排名算法变聪明的速度必须保持指数式增长，才能保证搜索引擎给出所有相关的结果。用户不会看到算法的改变（不像是微波炉的一个新按钮），但它至关重要，这样才能确保网络世界不会变得深不可测，即万维网（World-wide Web）不会变成“万种麻烦”（World-wide Mess）。

38. 通用智能

在分析实现机器智能需要什么条件（以及需要多长时间）之前，首先我们需要明确机器智能的定义。

一名西装革履、打着领带的男子从酒店的旋转门拖着拉杆箱走出来。一会儿，另一名穿着破旧制服、戴着手套的男子拖着垃圾桶从酒店侧门走出来。即使最笨的人也能看出来前面的那位是酒店客人，后面的那位是清洁工。机器是否必须具备对这种普通场景的理解力，才有资格被称为“智能”？或者它与智能无关，就像发出夜莺的歌声与解微分方程完全无关一样？如果我们需要机器人具备这种理解力，就相当于把机器智能推向了一个万劫不复的未来：仅仅搞清楚一个人穿西装、打领带，而另一个人穿制服，就需要庞大的计算量这对机器来说绝非易事。而像这种人类瞬间就能识别的场景有成千上万个。

继续进行我们的思维实验。现在我们在一个不发达国家，清洁工拖着一个装满垃圾的破旧皮箱。他把旧皮箱用作垃圾桶。看到这样的场景，我们可能会因为他的聪明而笑一笑；但想象一下，让机器明白这是怎么回事会多么困难。即使机器知道拖着行李箱的是酒店客人，它现在也必须明白，穿着清洁工制服的人拖着的破旧行李箱不能再称之为行李箱。

上百万的场景中的每一个都具有上百万种变化。对于理解这些场景，人类毫无困难，但机器却一筹莫展。

针对每个不同的情景，今天的人工智能科学家们会分别编写一个专门的软件程序，然后针对每个情景的上百万种变化，也会如法炮制。只要有足够的工程师、时间和处理器，这就是可行的。每当像我这样的批评者问道："但是，你的机器会做这个吗？"当代的人工智能科学家就会冲出去编写一个能解决这个问题的新程序。"那你的机器还会做其他的事情吗？"人工智能科学家们就再冲出去编写另一个程序。如此反复循环。

只要有足够的工程师、时间和处理器，确实有可能创造一百万台机器，做到人类自然而然就会做的事情。

毕竟，网络加搜索引擎能够回答任何问题：某个人迟早会在网络上发布答案，搜索引擎会找到这个答案。数十亿网民几乎提供了所有可能被问到的问题的答案。搜索引擎并不擅长任何领域，但可以找到各个领域的问题的答案。

我怀疑我的大脑并不是以这样的方式工作的（所有动物的大脑都并非如此），但是，没错，上百万个软件程序将在"功能性"上等同于我的大脑。事实上，它们会比我的大脑更厉害，因为它们将能识别全世界所有人能识别的场景，不仅仅限于我个人所能识别的场景，就像网络最终将包含世界上所有人知道的问题的答案，不仅仅是我知道的答案。

这正是今天的"暴力计算型人工智能"在做的事情：针对人类执行的每项智能任务，编写特定的软件程序。

幸运的是，它对经济的影响表现为将创造数百万就业机会，因为上百万台机器需要被设计、测试、存放、营销、销售以及修理。

39. 电器的普及，智能与非智能

如果我们适当地结构化世界，将很容易创造出可以登飞机、换钱、坐公交车、开车、过马路的机器。自动化服务至少可追溯到水车发明问世的时代。发钱的机器（自动取款机），洗衣服的机器（洗衣机），控制房间温度的机器（恒温机）和控制车速的机器（定速巡航）也都由来已久。

表面上我们说设计机器人，其实我们只是制造了更多的设备。在不久的将来，我们可能会目睹电器的加倍增长。打着“机器人”的旗号做电器广告，完全是因为“机器人”一词听起来很时尚。我们不妨举几个例子。iRobot 公司推出了吸尘机器人 Roomba；英国公司 Moley Robotics 的机器人厨师，可以装在灶台上方，给人做饭；中国哈尔滨的机器人餐厅使用机器人服务员；新加坡的 Infinium Robotics 的无人机服务员，在客人的头顶飞来飞去上菜；还有麻省理工学院的机器人酒保，加州大学伯克利分校的叠毛巾机器人等。

ATM 比银行职员失误率更低（且工作时间更长），但我们认为它不属于“智能”机器。掌握各种洗涤技术的洗衣机也是一样。这是因为在它们问世的时候，营销界还不流行使用“人工智能”一词。如果洗衣机是近期发明的，它肯定会被奉为机器人学的最新成果。

追捧自动化的狂热粉丝预测机器人“很快”（多快？）就会取代人类做任何事情，但他们很少解释为什么机器人要完全照搬人类的一切活动。难道我们真的需要会睡觉或上厕所的机器？有迹象表明，人们通常不把“智能”与非常人性化的功能联系起来。人类的身体只是碰巧也这么运转而已。我们走路时摆动手臂，但我们并不认为“一边走一边摆臂”是智慧生物的必要特征。我们在努力设计一种可以完全模仿人类“智能”功能的“智能”机器（或机器的集合）时，会碰上一个多项选择题：哪些人体功能称得上“智能”？典型的人类活动包括：忘记手机丢在哪儿，吃快餐，听单口相声，遭病毒袭击患上流感，对了，还有经常上厕所。

我们本能地把人类活动分为几个等级，从“完全非智能”到“非常智能”，并且我们认为最高等级是智能与非智能机器的分水岭。然而，这样分级并不客观：不是所有人都会洗衣服，为什么洗衣机是非智能机器（不是所有人都会洗衣服），而能识别猫的程序被归入智能机器（但几乎每个人，无论多么笨，都能认识猫以及其他无数种动物）？根据统计学，洗衣机应该比识猫程序更加特别。

据说，目前对机器的追捧主要是因为它们开始执行人类的专属任务。这种说法本身就非常经不起推敲：早在第一台洗衣机问世时，它就能执行之前专属于人类的任务——洗衣服。隐藏在这些说法背后的想法是，有些事情在性质上比洗衣服更“特殊”，但很难清楚地说出这个“特殊”的性质是什么。人类智能的独一无二／特别之处究竟是什么？每台机器都能帮我们做一件事情，把我们从原来的某项体力劳动中解放出来。哪些任务足够“特殊”，配得上“智能”的称号？人们对此还没有完全一致的看法。

最后，模仿人类（即微笑、哭泣、走路甚至能说几句话）的机器已经由来已久，通常在玩具商店里出售，针对的目标消费人群是孩子。当然，我们可以制造更复杂的玩具，比如，能识别猫的玩具，但把这些玩具跟人类智能扯上关系的说法有待推敲。

40. 常识

1958 年 11 月，在英格兰召开的有关思维过程的机械化的研讨会上，具有长远眼光的约翰·麦卡锡发表了题为《有常识的程序》的演讲，成为人工智能领域最有影响力的论文之一。麦卡锡指出，没有常识的机器就是我们通常所说的“白痴”。当然它可以很出色地完成某一件事，但人却不能放手让它独自完成，更不能让它做其他事情。

我们说话，总是“话里有话”。如果我让你用橱柜里的高蛋白食材做饭，我的意思不是让你煮在墙上爬行的蜘蛛，也不是让你烧孩子的宠物小鸡，更不是指（倒吸一口气）藏在橱柜里玩耍的蹒跚学步的孩子。

我们如何判断什么场景值得拍照片留念？机器可以拍成千上万张照片，

每秒拍一张，也许甚至更多，但我们只拍两三张照片，因为我们遇到有意义的事情才拍。

2016 年 4 月，英国一群孩子自发组成人肉箭头，在地面向一架警用直升机指出犯罪嫌疑人的逃跑方向。没有人教孩子们这样做。这些孩子（在几秒钟内）做出的判断是基于一长串“常识”：附近发生了犯罪行为，我们需要抓住犯罪分子；罪犯正在逃窜；天上驾驶直升机的是在寻找罪犯的警察；警察负责抓捕罪犯；如果你看到了逃跑的罪犯并帮助警方，是在做好事；罪犯逃脱警方的追捕，后果很严重；直升机里的警察无法听到你的声音，但大家站到一起，他们就可以看到你们；箭头是指示方向的通用符号；直升机飞得比人跑得更快等。当智能机器拥有常识，也会这样处理问题。

当计算机功能变得足够强大，许多人工智能科学家们开始雄心勃勃地尝试复制“常识”，而人类在成长过程中轻而易举地掌握了常识。其中最著名的项目莫过于道格·莱纳特（Doug Lenat）的 Cyc（1984），该项目目前仍在进行中。1999 年，麻省理工学院的马文·明斯基的学生凯瑟琳·哈瓦希（Catherine Havasi）启动了开放思维常识项目（Open Mind Common Sense），收集了数千名志愿者提供的“常识”。2007 年，柏林自由大学启动 DBpedia 项目，从维基百科的文章中采集知识。这些项目的目标是创建普通人拥有的庞大的知识库：植物、动物、地名、历史、名人、物体和思想等。对每个人来说，我们直观地知道应该怎么去做：你应该怕老虎，而不是猫，尽管二者相似；下雨时或在沙滩上伞才有用武之地；衣服是用来穿的，食物是用来吃的……最近，专注于深度学习领域的企业已经意识到，没有常识将寸步难行。因此，微软在 2010 年开启 Satori 项目，谷歌在 2012 年对外公开知识图谱计划。当时知识图谱已经包含约 5.7 亿个事物以及它们之间的 180 亿个联系（项目开始之初谷歌并未披露任何信息）。这些项目意味着“知识表达”的旧程序（基于数理逻辑）再次引起研究者的重视，而在深度学习热潮之后它曾一度被人淡忘。知识图谱是一个“语义网络”，在20世纪70年代是一种非常流行的知识表达方式。在费尔南多·佩雷拉（Fernando Pereira）的带领下，谷歌的自然语言处理小组将谷歌著名的深度学习技术（AlphaGo之类的技术）与语言学家八年的研究成果整合到了一起。

深度学习是学习人类活动的技术，其实这种说法并不正确。如果我做了某件从未做过的事情，那么以深度学习模式运行的机器对此可能完全不得要领：它需要数千甚至上百万个样例，才能学会如何去做这件事。深度学习不能掌握名副其实的首次创举：因为这往往只有一个案例。深度学习是学习人类做过（过去时）的事情的技术。

现在，让我们想象下，假如神经网络学会了人类所做的一切事情，将是怎样的情景。接下来会发生什么？答案很简单：什么都不会发生。这些神经网络不能做任何未经过训练的事情，所以，所谓的进步也就到此为止。

训练神经网络做一些以前从未做过的事情不无可能（例如，你可以对它学过的事情进行随机再分配），但接下来神经网络需要明白新动作的意义，这就要求它非常了解现实世界。比如，我执行了一些随机的动作，其中大部分徒劳无功，浪费时间和精力，但也许有一两个动作会变成有用的。我们常常误打误撞，无心之举竟能极大地改观我们的现状。我一直在寻找一种不必走进花园就能浇水的方法。有一天，我发现，一个破旧的软管上有许多孔，非常适合用来浇果树。几分钟前，我不小心按错了安卓平板电脑的一个键，由此发现了一个以前我不知道的功能。实际上这个功能非常有用。

为了判断哪些新动作是有用的，人们需要知道所有可能对人类有益的事情。对我们来说，明白哪些事物对人类有用是小菜一碟。对机器来说，这绝非易事，训练神经网络向人类学习肯定也是个大工程。

具体内容可以参看亚历山大·图兹灵（Alexander Tuzhilin）的论文《实用性、新颖性和兴趣度量集成》（*Usefulness*，*Novelty*，*and Integration of Interestingness Measures*，哥伦比亚大学，2002）和伊阿卡夫·艾克斯曼（Iaakov Exman）的论文《统一范式双极功能组成的趣味性》（*Interestingness a Unifying Paradigm Bipolar Function Composition*，以色列，2009）。

常识在日常活动中的重要性显而易见。如果有人做事不经“思考”，我们就会生气。光认识汽车是汽车、树是树，这还远远不够。明白汽车会动而树不会动，汽车有可能发生事故而有些树能结出水果等也同等重要。深度学习在识别层面表现优异，但在这一层面以外很难有所突破，因此有很大的局限性。

深度学习系统的第二个问题是需要一个非常大的数据集来训练它们。我们人类只要通过听朋友介绍，看朋友玩几次，就能学会新的游戏。深度学习系统需要数千个甚至上百万个案例，才能学会正确地玩游戏。

大数据被用来训练深度学习系统的神经网络，但我们不用“大数据”训练人。我们的做法完全相反。孩子的行为“训练”通过两位家长，有时再加一位保姆完成，而不是通过网上查到的视频。他们的教育由获得教育专业学位的出类拔萃的教师完成，而非一大帮普通人；我们通过技艺超群的专家培养工人，而非随便一组工人；我们通过屈指可数的伟大科学家培养科学家，而非随便一组学生。

当我在2016年写下这些内容时，正值包括埃及在内的一些国家在地中海搜寻失事飞机。2014年马来西亚航空公司的飞机在从吉隆坡飞往北京的途中神秘地消失在印度洋上空。训练神经网络下围棋并非难事，因为人类大师的上万个棋局都保存完好，但无法训练它搜寻大海里失踪飞机的残骸：

我们无法提供上万张失踪飞机的残骸照片。残骸没有固定的形状，在大海中漂浮不定，还有一部分沉入海底。人类可以轻松地识别飞机碎片，即使他一辈子只见过十到二十架飞机，并且从未见过飞机残骸；神经网络只有看过成千上万个残骸实例，才有可能进行识别。

没有常识的机器的第三个问题是，它们不会发现“显而易见”的错误。一些研究表明，在某些环境下，深度学习神经网络的对象识别能力优于人类；但是，神经网络犯错误时，你就会发现它没有常识：机器犯的错误一般会让我们哭笑不得，就是那种连白痴都不会犯的错误。你可以用一大组猫的照片训练神经网络。深度学习技术提供了构建神经网络的最佳方法。一旦神经网络学会识别猫，它应该能识别任何从未见过的猫的照片。但深度学习系统的神经网络并不完美：总是至少有一个无法识别猫、把猫误认为其他事物的案例（“盲区”）。“盲区”证明了常识有多么重要。2013年，谷歌、纽约大学和加州大学伯克利分校的联合研究表明，微小的扰动（人类肉眼看不到）可以完全改变神经网络的图像分类方式。克里斯蒂安·赛格蒂（Christian Szegedy）等人所写的论文《神经网络的有趣属性》颇具讽刺意味，这的确“有趣”，因为人类不会犯下这类错误。事实上，没有人会注意“扰动”图像有什么不对劲。这一探讨不仅具有理论意义。如果使用神经网络的无人车将过马路的行人误认为旋风，可能造成严重后果。

深度学习从根本上取决于人的专业知识。它需要人类准备一个巨大的数据集，才能在比赛中（象棋、围棋等）“打败”人类。在人类足迹罕至（或不予支持）的领域，深度学习将一筹莫展。其他深度学习机器涉及的专业知识领域更难掌握。例如，谷歌的翻译软件只从所有能搜索到的翻译结果中学习。如果几百年来英意互译者都将“table”翻译为“tavolo”，它就掌握了“table”应译为“tavolo”。但是，如果有人在网上输入上千种“table”

的错误翻译，会造成怎样的结果？谷歌科学家们面临着一种挑战：本应正确的翻译数据库被谷歌“爬虫”在网上查到的翻译结果随意更新，因此导致数据库质量迅速下降，因为人类会将一些模棱两可的译文上传到网上，而这些译文的来源是谷歌的翻译软件。机器人犯的错误被当做人类知识发布，就可以轻易骗过学习人类专业知识的其他机器人。今天深度学习的机器人，学习对象是人类，而不是其他机器人。人类向专家学习或自学，即通过“试错”或漫长痛苦的研究。机器人是向专家——人类专家，最专业的人类专家——学习。谷歌的翻译软件并不是最专业的翻译专家。如果它总是自我学习（学习自己的水平一般的翻译），就永远不会提高。

监督式学习是“通过模仿学习”，学习者可以达到被模仿者的水平。这就是 AlphaGo 这代人工智能棋艺大增的原因。强化学习，是 1954 年明斯基发表的博士论文题目，是指机器学习超出所有人类专家知识范围的知识的方式。AlphaGo 可以自己和自己对战几千回合，而人类专家每周才能对弈十几次。树型搜索是深度学习的另一个有力补充（也被用于 AlphaGo），由明斯基的导师克劳德 • 香农（Claude Shannon）于 1950 年发明。

类似的理论也同样适用于机器人。对世界的了解是执行日常指令的基本前提。由于传感器、引擎和处理器分布密集，机器人的灵活度大大提高。但拿一件物体不仅要指导手的运动，而且还要控制手的力道。拿纸杯和拿书的力道不一样：如果手太用力纸杯可能会被挤变形。拿盛满水的纸杯与拿空纸杯的力道也不同：你不想让水溢出来。在某个环境中四处移动需要认识家具、门窗等。2013 年，斯坦福大学训练机器人到楼上的食堂买一杯咖啡，机器人必须学会：（1）拉下手柄时不能弄坏门；（2）不能把咖啡洒在自己身上，否则会引起短路；（3）不能按坏电梯按钮。并且，如前所述，机器人需要知道电梯镜子里的是自己，不必等镜子中的自己走出电梯。

人类不断与各种对象交互，这意味着我们知道我们可以对付任何给定的对象。

你的身体有属于自己的历史。机器需要知道这段历史，才能在迷宫般的世界以及比迷宫更加错综复杂的人的意图中找到方向。

最后，机器还需要具备道德原则。现实世界对“成功”的定义并不明确。例如，约会守时是“好的”，但如果为了守时而在路上撞倒几个行人，则是不好的；无人车应避免撞墙，除非为了避开一个孩子而只能选择撞墙……

大多数机器人的设计与运用都面向结构化的环境，如工厂。这种环境要实现的目标与日常生活并无交集。城市街道或家庭环境更加复杂，对工具的要求也没有那么简单。

> 电脑无用：它们只能给你答案。
>
> ——巴勃罗·毕加索，1964 年

41. 事实上，我们并不思考

21 世纪的第二个十年，机器翻译采用的最成功算法是统计分析，翻译几乎不需要任何语言知识。这些程序只是收集成千上万名人类专业译者的翻译结果，并计算哪种译法最常见。开发和优化自动翻译系统的程序员不需要掌握源语言和目标语言：它只是一个统计游戏。我认为人类译者并不这样做翻译工作，机器翻译无法与人工翻译媲美，更别说超越它。

高德纳（Donald Knuth）有句名言，与模仿人类“不假思索”就能做的事情相比，人工智能更善于模仿人类“思考”。这句话现在仍旧适用，而且它还蕴含一个更大的真相。真正的难题是，我们不知道我们所做的绝大多数事情是怎么做的，否则哲学家和心理学家将面临失业。聊天就是一个典型的例子。我们毫不费力就会聊天。我们讲究谈话策略，我们遣词造句，我们明白对方的策略并听懂对方在说什么，我们振奋精神，我们怒发冲冠，我们尝试不同的谈话策略，我们开玩笑，我们引用他人的话……不需要接受任何培训或教育，任何人都可以做到这一点。而现在，和人类做比较，看看有史以来最强大的计算机能进行怎样的交谈。

大多数人类通过“思考”做的事情（如证明定理、下棋）都可以用一个简单的算法模仿（尤其是如果我们周围的环境被社会定型，高度结构化，能做的就那么几件事）。我们“不假思索”就能做的事情无法通过简单的算法被模仿，不外乎是因为我们也不知道我们是怎么做到的。我们甚至不能解释孩子是如何开始学习的。

Chapter 5

第五章

人工智能与人类永生——数字不朽、强人工智能与合成生物学

42. 意识上传与数字不朽

迄今为止所有假想的寿命延长技术中，也许没有什么比意识上传更能引起机器智能粉丝的遐想了。由此，奇点与数字不朽之间产生了某种联系：到了某个时刻，超级智能机器将能为我们完成一项伟大的任务，上传我们整个的自我，并“变成”我们。与“云”（见下文）的不朽相结合，你的“自我”将成为不朽。从一个奇点到下一个奇点，意识可以上传和下载。

这种想法引起了宗教式的崇拜或运动，即“超人类主义”。这方面最早的预言家可能是弗里敦·艾斯范德里（Fereidoun Esfandiary），他的代表作是《你是超人类吗》（*Are You a Transhuman*?，1989），并预测：“2030年，我们将成为永恒，每个人都会有永远活下去的机会。”他死于胰腺癌（但很快被安置于低温悬浮液中）。

事实上，第一本超人类主义杂志早于他的书：由马克斯·莫尔（Max More）与汤姆·莫罗（Tom Morrow）于1988年出版发行的第一期《*Extropy*》杂志。

遗传学家乔治·马丁（George Martin）在《对不朽的简短建议》（*A Brief Proposal on Immortality*）中首次探讨将人的意志上传至电脑的技术（1971）。他预见有一天电脑会非常强大，大脑能做什么，电脑也同样能做。因此，为什么不干脆把我们的大脑传送到电脑，让电脑来工作。不用说，哲学家仍在争论一旦从灰质上传到软件，到底“意识”是否仍是“我”。

20世纪90年代，随着万维网的普及，这一设想变得更加现实。古生物学家格雷戈里·保罗（Gregory Paul）与数学家厄尔·考克斯（Earl Cox）合著了《人性之上》（*Beyond Humanity*，1996），推测网络进化将开始并且出现非人类意识，同时还提出不朽的“大脑载体”将取代我们必死的身体的观点。早在电视仍有影响力的时代，科幻作家威廉·吉布森（William

Gibson）于十年前就发明了“网络空间”（cyberspace）一词（《整垮珂萝米》，1982），他曾参与《X档案》一集剧情（《杀死开关》，1998）的编剧，进一步普及了这个概念。剧中一名男子将他的意识上传到网络空间。

从那时开始，这类书籍不断涌现，比如理查德·多伊尔（Richard Doyle）的《*Wetwares - Experiments in PostVital Living*》（2003），探索各种实现永生的技术。玛蒂娜·罗斯布拉特（Martine Rothblatt）提出“意识克隆”（mindclones）的观点，通过“意识软件”（mindware）来实现。该软件必须每年更新，与最新的计算机平台同步。

2012年俄罗斯大亨德米特里·伊茨科夫（Dmitry Itskov）大致总结了永生技术领域的观点：首先，建立人脑—机器的界面，这样人脑可以控制机器人的身体；其次，通过手术将人脑移植到机器人的身体里；最后找到一个除血腥的外科手术以外可以达到同样效果的方法，即将人的意识上传到机器人的身体或者其他载体中。

这个方案的前提是假设“我”的完整存在形式是我的大脑，而我的身体只是“我”活着的载体。如果是这样，身体也可以被其他材料基板（material substrate）所替代。按照这种观点，大脑是一次性的：大脑仅仅是指定的身体器官，负责主持构建“我”的过程；而“我”其实只是那些基于信息的过程，可以很容易地从必死（我们虽然非常不情愿，但也必须承认这一点）的大脑移植到信息处理机器中，20世纪40年代这种机器开始问世，并且越来越强大，迅速接近模拟全部大脑过程所需的容量。

这一运动使全脑模拟项目重振旗鼓。雷·库兹韦尔等人认为“强人工智能”的实现首先将通过全脑模拟。其基本思路是建立一个完整翔实的模拟人类大脑的软件模型，连接到该软件的硬件能够完全模仿人（其中包括对“真的是你吗”回答“是”）。

第一步需要映射大脑，这步非同小可。1986年，约翰·怀特（John White）和西德尼·布伦纳带领的团队对几毫米长的蠕虫秀丽隐杆线虫的大脑（302 个神经元和 7000 个突触）进行了映射。据我所知，这仍然是人类实现完全映射的唯一一个大脑，并用了 12 年时间完成相对简单的“大脑连接组图谱”（connectome）。这个词源自奥拉夫·斯庞斯（Olaf Sporns）的著作《人类的连接组，人脑的结构说明》（2005）。连接组图谱是指描绘大脑间各个神经联系的图谱。2009 年，人类基因组计划成功几年后，美国启动了绘制人类大脑的人类连接组项目（Human Connectome Project）。但是，这项任务与映射蠕虫大脑的工作量不可同日而语。整个人类基因组由大约数千兆字节的数据表示。细胞生物学家杰夫·利希特曼（Jeff Lichtman）和纳拉亚南·卡斯瑟里（Narayanan Kasthuri）估计，完整的人类连接组将需要一万亿千兆字节（Neurocartography，2010）。此外，尽管人类的基因组（大致）相同，但每个大脑是不同的。稍有不慎，它们有可能把别人的大脑错当成你的大脑上传。

在我们能够映射大脑后，我们需要将大脑与机器连接。这一步实际上可能会很快实现。1969 年，西班牙神经生理学家圣何塞·德尔加多（Jose Delgado）在猴脑中植入设备，再发送信号，回应大脑的活动，由此，第一个双向的脑—机—脑接口就产生了。2002 年，约翰·蔡平（John Chapin）推出“机器鼠”，老鼠的大脑通过远程计算机发出的电信号来决定它们的活动。他的学生米格尔·尼可雷里斯（Miguel Nicolelis）完成了用猴子大脑控制机器人手臂活动的壮举。2008 年，他的团队实现了让猴子远程控制机器人（更确切地说，是远在另一个大陆的机器人）。

到了科学发展到可以将意志上传到网络空间的那一天，我们大多数人，连同我们的大脑，可能都不在人世。这一令人不安的想法的出现，早于我们正在讨论的这门科学。罗伯特·艾丁格（Robert Ettinger）的作品《不朽的展望》（1962），是公认的“人体冷冻”宣言，它是研究如何通过冷冻保存大脑的学科。实际上是人体冷冻开启了“生命延续”运动。1964 年这门学科的另一位创始人埃文·库珀（Evan Cooper）成立了生命延续协会（LES）。1972 年喷气推进实验室的空间科学家弗雷德·张伯伦（Fred Chamberlain）成立了阿尔科固态低温协会（ALCOR）——现名阿尔科生命延续基金会，加入了这一行业。

它很重要，却被忽视。世界末日将以奇点的形式到来，不过，不用担心，我们都将通过意识上传而复活，正是奇点的超级计算机使之成为可能。它与古代西方宗教的唯一区别是以前的人无法复活：我们无法上传他们的大脑。但也许那些超人类机器以后会找到一种方法让死人复活。

43. 机器不朽和云

意识上传的情景中隐含着另一个假设：这些超人类机器，能够自我修复和自我复制，将永远活着。

与我们当前熟知的状况相比，这是个可喜的变化。现在寿命最长的电器应该是冰箱，差不多能服务两代人。其他大多数家电的使用寿命在十年之内。电脑在所有机器中最脆弱：平均使用寿命只有几年。它们的“记忆”比人类记忆的时间更短：如果 20 年前你把数据存储在软盘中，今天你可能无法检索这些数据；CD 和 DVD 将早于你消失；即使你的文件还在，你也很难找到可以读取它们的应用程序。笔记本电脑、平板电脑和智能手机的更新换代越来越快。机器的寿命似乎在加速缩短。而且，当然，只要被插入电源插座，它们就能活着（电池持续时间只有可怜的几个小时）；它们对“病毒”和“错误”的抵抗力似乎要弱于人类。

只有根深蒂固的乐观主义者才能从存储介质的现状推断出迭代越来越频繁的电脑在不久的将来会长生不死。

当然，奇点的拥护者会指出“云”的作用，把数据从正在消失的存储载体传送到较新的存储载体，从消失的格式转换到一个较新的格式。希望有一天，即使云计算不能永存，也至少能像公共图书馆一样可靠、长寿，那里的书已经存放了几千年。

我对软件工程师没什么信心，想到有一天“云”将包含人类所有知识，我有些不寒而栗：一个“程序错误”就能让整个人类文明在一秒钟内灰飞烟灭。因为这样那样的设备故障，有多少人丢失了照片、电话号码和邮件列表？这足以让人提心吊胆。你只是忘记点击一些叫做“安全删除”或“退出”的深奥命令，整个外接光盘可能就会惨遭损坏。

当超级智能机器到来的时候，我担心它们会自带致命的病毒，就像人类智能体（唉）带有流感、艾滋病、非典、埃博拉和寨卡病毒一样。更不用说潜在的蓄意搞破坏的网络恐怖主义（我不确定哪方更强：保护我们数据安全的密码学家还是窃取数据的黑客）以及一般“恶意软件”。如果今天它们可以在几秒钟内影响数百万台电脑，试想下当所有的知识都保存在同一个地方并且在一纳秒内即可获得，风险将何等之高。过去电脑病毒是业余爱好者出于好玩儿制造的。随着时代的变迁，“网络犯罪”正成为恐怖分子和政府雇用的超级专家的主要活动领域。原本电脑病毒被设计为可见的：病毒制造者可以从中找到满足与成就感。如今的网络犯罪被设计为看不见的。就算看到，也为时已晚。还记得只有火才能毁掉纸上的手写笔记吧？复印（甚至手工抄写）这些手写笔记易如反掌吗？《死海古卷》在2000年后再次被人发现（出土的既有牛皮纸也有纸莎草纸），罗塞塔石碑在2200年之后字迹仍然清晰可读。我不知道我们今天写下的数据有多少能在两千年后的“云”里找到。

黑客变得越来越高明，再加上资金雄厚的机构为他们提供的功能强大的电脑，他们能进入所有联网的电脑并访问其中的内容（可能破坏它们）。过去，间谍窃取文件的唯一方法是潜入建筑，四处搜寻，找到放有文件的保险柜，然后撬开保险柜，或者贿赂别人，复制文件，然后逃跑。这非常危险并且费时，可能需要几年的时间。今天，黑客可以舒服地坐在办公桌旁，瞬间窃取上万个甚至数百万个文档。数字文件的特性决定了它易检索、易查找。

讽刺的是，保护文件免遭黑客攻击的简单方法是把它们打印出来，然后把源文件从所有电脑中删除。这样，对这些文件图谋不轨的黑客现在将无能为力，只能雇用过去溜门撬锁的小偷。

网络专家们承认，任何以数字格式编写并存储的内容，只要直接或间接连接到互联网，迟早都会被窃取，或者销毁。网络安全专家艾伦·帕勒（Alan Paller）警告说，网络攻击正在从间谍活动转为破坏活动。制造大规模（数字）信息破坏的恶意软件比制造恶意软件震网病毒（Stuxnet，2010年，可能发源于以色列和美国）更加容易。

我也觉得“知识”不能完全从介质中提取，虽然我发现很难解释苏格拉底头脑中的、存储在图书馆中的与存储在“云”里的知识之间的差异。一家重要的云计算生产企业的一位联合创始人告诉我说：“有一天我们会烧掉所有的书。”海涅的戏剧《阿尔曼索》早于希特勒的毒气室一个世纪，其中有一句著名的台词：“今天他们烧书，他们最终就会烧人。”不同于大多数关于机器智能的预言，这句预言不幸已经成真。

44. 推论：数字媒体不朽

如果你想把自己从肉和骨头变成数据，并希望借此达到不死的目的，你将面临一个小的技术问题。

你从圣诞节采购中就会发现，电脑存储介质的容量（价格保持不变）在迅速增加。

这是一个好消息。但坏消息是它的寿命在不断缩短，如果跟好几代以前的存储介质相比的话，现在的存储介质使用寿命短得惊人。在适当的环境下，纸张和油墨的使用寿命都很长。最早的计算机存储介质——打孔纸带和打孔卡，70年后仍然可读，不幸的是，已经找不到能够读取它们的机器，除非你有机会参观电脑博物馆。相比之下，磁性介质的寿命非常非常短。1980 年以后出生的大多数人从未见过磁带，除了在很多年前的科幻电影里。1951 年，第一台商用计算机，埃克特 - 莫齐利的 UNIVAC I 首次使用磁带。今天大部分磁带存储着十几 TB 数据，寿命是 20 ～ 30 年。没有人知道 20 世纪 60 年代的主机磁盘 multiplatter 的有效期多长，因为我们还没来得及测试它们的寿命，它们就已经过时了。软盘属于磁盘，其中最常见的类型是 1.44 兆字节或 2 兆字节容量的软盘。拿 20 世纪 70 年代的 8 寸软盘和 80 年代的 5.25 寸软盘来说，从未使用过的人认为它们只有 3~5 年的寿命，但像我这样手里还有很多这类软盘的人知道其中至少有一半在 30 年后仍然可以用。取代它们的外部“硬盘”（1TB 在今天是非常常见的容量，即软盘容量的 1 万倍）可能寿命更长，但它们需要旋转才能读取或编写数据，旋转硬盘的寿命并不长：机械设备可能会早就在磁层坏掉之前罢工，尤其在你四处携带它们时（换句话说，在你使用它们时）。

音乐早先被存储于磁带中，后来是录像带。如果大众市场的录音机还在的话，它们还能放，尽管音质可能不太好。黑胶唱片到今天也肯定能唱，只要你没有弄花它，并像我一样为唱机选用合适的唱头。我从 20 世纪 70 年代保存至今的磁带仍然可以正常使用。被存储于 VHS 录像带的视频现在仍然可以播放（我有约 300 张录像带），但同样，在 VCR 播放多年后，视频的画面色彩和音质可能都有所下降（如果你仍可以找到 VCR）。

后来出现了光盘。数据存储方面，可重写光盘的可靠性低于在音像店购买 / 租借的只读盘，因为它们由完全不同的材料制成（薄膜层的退化速度要快于只读盘使用的染料）。陪审团仍不接受光学存储介质作为证据，但是，就数据存储而言，光学存储技术协会（OSTA）估计 CD 光盘的寿命为 10~25 年，一般容量为 650 兆字节（相当于 700 张软盘），数字视频盘（DVD）的一般容量为 4.7 千兆字节。然而，在实践中，光学设备更易被损坏，因为大多数人的存放方法不当：不采取任何保护措施，随手丢在办公桌上，可能大大缩短它们的寿命，就像其他任何你看的东西一样（光盘也是用来“看”的）。

现在，我们生活在固态介质的时代。存储设备体积小，也没有可移动的部件，容量可达几千兆字节，如USB闪存盘（“拇指”驱动器）和SD卡（“闪卡”）。它们的可靠性通常低于（不高于）硬盘。生产商也不希望它们的寿命超过八年。

更不要提存储质量：数字介质是数字的，而非模拟的。你可能听不出各个介质之间的差别，因为你的听力不及许多（不太智能的）动物。你的智能手机里的音乐的音准不如你父母的乙烯基录音带或你祖父母的黑胶唱片。电子记录会造成信息的流失。理论上来说，它的优点是使用过程中数字介质不会退化：磁带每次通过录音机的磁头时，都会有磨损；而唱片机的唱头划过唱片的凹槽时，唱片也难逃磨损的命运。

然而，旧介质的优势也在于它们会“退化”：它们并不会罢工。数字文件要么表现完美，要么完全不运转，为自己画上句号。我的陈旧的VHS影像带失去了一些色彩和音频保真度，但我仍然可以看电影。很多较新的电影DVD反倒放了一半就卡在那里，怎么都播放不下去了（快退/快进DVD或定格到每个画面，这些操作都让我非常抓狂，而VHS录像带的操作就很简单：这可能是随机存取历史上的第一次“倒退”。当年罗马人从卷轴转为古抄本时，首次引入这一功能）。

在另一方面，缩微胶片的预期寿命长达500年：1839年，缩微胶片由约翰·本杰明·丹瑟（John Benjamin Dancer）发明，1927年被美国国会图书馆大规模使用（当年用缩微胶卷拍摄了数百万页内容）。

你可以发现这些故事的情节都一样：存储量越来越大，但稳定性越来越差。

请注意，有一个不成文的规律：在网上搜索自由中子的寿命，很容易找到答案（14分42秒），但如果搜索关于存储介质寿命问题的科学答案，你会空手而归。存储介质科学就是这么“发达”。

最后，即使你的存储介质寿命很长，但你上一次看到带有软盘驱动器的新型电脑是什么时候？我写下这本书的时候，光驱（CD、DVD）都在渐渐消失；这本书还没有印刷出来时，你最喜欢的闪存可能就已过时。而且，即使你能找到带有旧介质驱动的电脑，还得碰运气找到带有能够读取数据文件的操作系统。而且，即使你找到了驱动和操作系统，还得碰运气找到软件应用程序的副本，才可以读取其中的数据（例如，GEM 是软盘鼎盛时期流行的幻灯片演示软件）。在这个领域，（物理介质、操作系统和应用程序的）“加速的发展进程”一般会使数据寿命不增反减。

是的，我知道：“云”将解决所有这些问题，但同时会带来更大的问题。如果有一天电网关闭了几个星期，会发生什么呢？

45. 长寿的神话

新的对数字永生的崇拜与广泛宣传的延寿预期相伴而生。

几个世纪以来，（老年阶段的）预期寿命涨幅不大，而且增长缓慢。真正有所变化的是曾经很高的婴儿死亡率。20 世纪末，人类预期寿命增长明显：据人类死亡率数据库统计，1900—1960 年，发达国家的预期寿命从 85 岁增加到大约 86 岁，但 1960—1999 年，预期寿命增加了近两年。我称之为“100 曲线”：发达国家公民现在活到 100 岁的概率比 100 年前高出约 100 倍。事实上，如果按照人类死亡率数据库目前呈现的趋势，大多数发达国家 2000 年以后出生的婴儿将活到 100 岁。

詹姆斯 • 沃佩尔（James Vaupel）是马克斯普朗克人口研究所的创始董事，他表示预期寿命每 10 年约增加 2.5 岁（Demography，2002）。这意味着，每一天人类的预期寿命增加 6 小时。沃佩尔认为预期寿命很可能会不断增加。

但是，这些研究往往忽视了日常生活的因素。自1960年以来，人们的生活（特别是城市人）条件已经大大改善。几个世纪以来，人们一直生活在（死于）恶劣的卫生条件下。城市的供水被污水、垃圾和腐肉长期污染。伤寒、痢疾和腹泻都是常见病。20世纪，在疫苗被发明以及强制接种项目普及以前，天花、麻疹、脊髓灰质炎、霍乱、黄热病、各种瘟疫以及流感的爆发夺去了数百万人的生命。之前，20世纪60年代全世界每年有59万多人死于脊髓灰质炎。每年欧洲有数十万人曾死于天花（1979年被根除）；美洲殖民地时期，每年有数百万人死于此病。据世界卫生组织估计，在世界范围内，麻疹在过去150年夺去了约2亿人的生命（近几十年来这一数字在发达国家几乎为零）。1902—1904年，菲律宾有20万人因霍乱丧生；1910年，乌克兰有11万人死于霍乱；第一次世界大战以前，印度有几百万人死于霍乱。1918年，全球至少有25万人死于流感，1957年是400万人，1968年是75万人。实际上，这些死亡原因在过去半个世纪的发达国家的统计数据中早已不见踪影。1960年以后，疾病作为大规模死亡原因被地震、洪水和飓风所取代。三大疾病，即结核病（每年造成100万以上的死亡人数）、艾滋病（每年近200万人死亡）和疟疾（每年超过70万人死亡），目前主要集中在不发达国家，而预期寿命研究并不包括不发达国家（世界银行估计，由这三种疾病引发的死亡99%集中于不发达国家）。

预期寿命延长的另一个主要因素是人们可以负担专业医疗服务的费用。在医疗费用转嫁给国家以前，家庭需要承担一切开支。国家可以提供更科学的医疗，但价格高昂。第二次世界大战结束后，由于全民医保项目的推行，人们可以负担专业医疗的费用，法国（1945），英国（1948），瑞典（1955），日本（1961），加拿大（1972），澳大利亚（1974），意大利

（1978），西班牙（1986），韩国（1989）等都已推行此制度。在主要发达国家中，德国（1889）是唯一一个在第二次世界大战前提供全民医保项目的国家（而美国是唯一一个未实施该项目的国家）。

随着医疗条件的改善和传染病发病率的降低，经济学家朵拉·科斯塔在《改善老年人健康状况和延长老年人寿命》一书中（2005）将“降低工作压力”和“提高营养摄入”作为决定长寿的其他主要因素。但是，随着女性在公司职位的提升，她们的工作压力也在不断增加，饮食数据（例如肥胖）似乎表明健康状况在朝着相反的方向发展：人们不再抽烟，但开始吃垃圾食品，并且没有任何节制（请在这里列出你最喜欢的农药过量的水果、激素超标的肉和工业化的食物）。

在整个发达世界，由暴力导致的死亡人数也急剧下降：血腥战争越来越少，而且暴力犯罪也在减少。史蒂芬·平克的著作《人性中的天使》（*The Better Angels of Our Nature*，2011）探讨了世界各国每 10 万公民的凶杀案死亡率（在美国，普通民众都可以持枪，它的暴力犯罪致死人数数倍于欧洲或亚洲，但 1993 年至 2013 年间美国的枪杀致死率也下降了 49%）。

这些因素无疑有利于延长发达国家的预期寿命，但是很难起到持续的作用。在某些情况下，人们甚至担心寿命不增反减。例如，1987 年后再无新种类的抗生素推出，而新的病原体每年都在涌现。现有的病菌正在对现有的抗生素产生耐药性。2013 年 3 月，在澳大利亚召开的一个研讨会预测在十年内药物将减缓人的衰老过程，人们的寿命将延长到 150 岁；同天，英格兰首席医疗官莎莉·戴维斯（Dame Sally Davies）拉响了抗生素抗药性或将很快成为人类的一大杀手的警报。英国医学杂志《柳叶刀》（*The Lancet*）估计，2013 年印度将有超过 5.8 万的婴儿死于先天性细菌感染，因为这些细菌对已知抗体带有抵抗力。

2012 年，耐药结核病导致大约 17 万人死亡。英国政府和威康信托基金联合发布的 2016 年报告估计，每年有 70 万人死于抗药性病原体引发的感染。

美国癌症协会统计得出 2012 年美国新增 160 万癌症病例，近 60 万人死亡。这意味着自 1970 年以来，美国癌症死亡人数增加了 74%。世界卫生组织发布的《2014 年世界癌症报告》估计未来 20 年中癌症病例将增加 70%。

未来生物医疗有望取得更大的进步，尤其在防治衰老的疗法方面取得重大突破。那时许多人会相信人类的寿命能够大大延长，也许能无限延长。

然而，医疗保健的价格过于昂贵，各国政府很难继续支付普罗大众的医疗费用。事实上，发达国家的人口结构逐渐呈现倒三角状，老年人的基数增大，为他们支付医疗费用的年轻人基数缩小。这个比例让医疗项目无以为继。普通公民接受的专业医疗可能已经开始萎缩，并可能持续很长一段时间。由于开支过大，年轻人无法一直慷慨解囊以维持患病老人的生命。雪上加霜的是，统计数据表明，残疾人的人数剧增（2013 年，美国达到 1400 万人，几乎是 15 年前的两倍）。同时，传统的家庭医疗在很大程度上惨遭抛弃。你只能自力更生。这两种现象（负担不起的专业医疗再加上消失的家庭医疗）将扭转长寿的趋势，导致长寿的概率降低（而不是提高）。

纵观地球历史，智能生命有几次濒临灭绝；自然灾害，如火山喷发和陨石碰撞仍然对承载着我们思想的脆弱躯体构成威胁；更不用说核战争或者集体宗教殉难可能导致的自我毁灭，这些都是我们所谓的“智能”大脑想出来的蠢主意。

此外，大多数发达国家的自杀率一直稳步上升，而且，姑且不论出于什么原因，它通常伴随着出生率的下降。因此，这可能是一个加速循环。最长寿的国家是日本，但它同时也是自杀率最高的国家之一，而且大部分自杀者都是老年人。活得时间太长不会让人很开心。2013 年疾病预防控制中心（CDC）发现，美国中年人的自杀率十年内增长了 28%（40% 的自杀者是白人），而自 2009 年开始，自杀超过交通事故，成为美国的 10 大死亡原因之一。

由于所有国家都面临着医疗的萎缩和自杀率的上升，预期寿命将在几个世纪以来首次缩短。

珍妮·露意丝·卡尔芒（Jeanne Louise Calment ）1997 年去世，享年 122 岁。（有据可查的）发达国家再没有出现过比她更长寿的人。即使你相信发展中国家声称国内出现超级百岁老人（没有任何文件能证明老人们的年龄），你也很难将他们的长寿归因于技术或医学的进步，因为这些超级百岁老人的生活几乎没有借助任何技术或医学的帮助。换句话说，真实的数字告诉我们，近 20 年来没有人活到 1997 年记录的最长寿命，即 122 岁，发展中国家的人可能存在例外。从这一事实中推断出人类寿命将延长，这需要丰富的想象力。

同时，人们正在转变长寿价值观。有人认为，生命的唯一测量单位是持续存活的年数，寿终正寝“好于”车祸造成的英年早逝，这种观点在生存本能驱动下的旧社会根深蒂固：不惜一切代价尽可能长久地活着。随着（无意识的）生存本能逐渐被现代社会（有意识的）哲学冥想所取代，越来越多的人认为活到 86 岁不见得比活到 85 岁好。

在不久的将来，人们可能更加关心生命的其他因素，而不止于生命的绝对长度。对生命的依恋以及尽可能多活几年的欲望主要出于本能的和非理性的想法。随着人类看待生命的态度越来越理性，长命百岁就听起来不那么诱人，反正人终有一死，人死如灯灭，并且终将被人遗忘。

现代人类养成的一些新的习惯，可能导致人类的健康状况下降，人类将更有可能（不是不太可能）死于疾病。

在发达国家，大多数孩子出生时母亲（或父亲）已 30 岁以上。越来越多的夫妇推迟生育，而生物钟依然保持不变，新一代人是名副其实的实验品（有些是字面意思的实验室实验）。在30岁以后，生育率开始逐渐下降，随后下降迅速，这是大自然用它的方式在告诉我们应该什么时候生孩子。事实上，父母年纪较大时生下的孩子（这种现象越来越普遍）存在染色体问题的风险较高。例如，由安德鲁·怀罗贝克（Andrew Wyrobek）和布伦达·艾斯肯纳兹（Brenda Eskenazi）主持的研究显示，“不同年龄对DNA损伤、染色质完整性、基因突变、精子染色体异常的影响不同”（2006）。生殖技术实验室的勃朗特·斯通（Bronte Stone）负责的一项研究发现了“引起男性精子参数变化的年龄阈值”（2013）。在过去的20年里自闭症率上涨了600%。虽然父母年龄可能不是唯一的原因，但可能是显著原因。珍妮·谢尔顿（Janie Shelton）和伊尔瓦·赫兹-皮乔托（Irva Hertz-Picciotto）主持的“大龄父母引发自闭症的无关与相关因素研究”（2010）显示，40岁母亲生育的孩子后来被诊断患有自闭症的风险比25~29岁的母亲生育的孩子高50%。为了公平起见，德国马克斯普朗克人口研究所的米克·米尔斯屈莱（Mikko Myrskyla）主持的“母亲年龄和子女成人健康”研究（2012）让许多高龄产妇再次确信，教育是决定孩子未来健康的主要因素。

欧洲的一些研究似乎表明，20世纪后半叶精子质量已经恶化，但是没有人知道其中的原因，也很难推断它会产生什么影响。我怀疑，这预示着人类后代的身心健康状况将变得更差。例如，流行病学专家乔尔·莫尔（Joelle LeMoal,《1989—2005年法国26609位男性精液样本的浓度和形态》，2012）牵头的一项研究发现，17年内年轻男性的精液浓度下降了近30%。如果在某一区域由于环境问题出现类似的数字，我们会马上撤离那个地方。

最后但并非最不重要的是，发达国家抗生素、过滤后的水、剖腹产和现代生活的其他环境和行为因素大大削弱了人体细胞的主要物理构成：有益细菌。接种疫苗已经能有效防止儿童死于可怕的疾病，但现在每一种可能的疾病都有对应的强制性接种疫苗（疾病的发病率很低），从而导致人的免疫系统越来越孱弱。因此，医疗本身（强调接种疫苗和抗生素）可能最终会制造出不堪一击的免疫系统，这种免疫系统可能比我们的祖父母未受保护的免疫系统更容易被不明疾病击垮。

人口的流动性大大增加了致命流行病全球蔓延的概率，会导致数百万人死亡。

金恩从事的“美国婴儿潮一代的健康状况”（2013）研究显示，“婴儿潮”一代不如上一代人健康。例如，婴儿潮一代拄拐的人数比上一代同样年龄的人多一倍。我个人的感觉是身边的年轻人都不如我那一代人健康。太多的年轻人有各种各样的健康问题，禁不起一点风吹雨打。除了食物中毒，他们 30 多岁就开始服用各种药丸。我在他们身上看不到人类寿命延长的希望。

我们现在吃的很多都是转基因食物，它们的长久影响尚不确定。

有人认为人类基本已经到达最长预期寿命，现在的挑战是保住胜利果实。我总是感觉我们在打造一个越来越虚弱的物种，与此同时也在创造一个越来越危险的世界。

2016 年我被两组最新的统计数据吸引。一组数据是（由皮尤研究中心发布）社交媒体的指数级增长，而另一组数据（由疾病预防控制中心发布）关于自杀率。自 1999 年以来，美国各个年龄阶段不论男女的自杀人数一直在上升。自杀率从 1999 年的 10.5：10 万人增加到至 2014 年的 13：10 万人。其中有个巧合很有趣：1999 年是第一个社交网络平台 Friendster 发布的年份。

道德间奏曲：人类永生的道德后果

如果在今生能得到永生，对像人类这么自私的物种来说，后果非同小可。

如果你相信来世能得到永生，你会做一切事情去争取在来世获得永生（通常意味着服从神对人类的命令，以实现上述的永生）；但如果你相信今生就能获得永生，你会做所有事情，以在今生换取永生。相信今生行善来世就能获得永生的人，会毫不犹豫地牺牲自己的生命来拯救别人，或者在非洲与危险的疾病抗争，或者为自己的孩子创造一个美好的未来；但相信今生就能获得永生的人确实没有动机去牺牲自己的生命以拯救别人的生命，也没有任何动机在非洲冒着生命危险生活，（最终）也没有任何动机照顾自己的孩子。一旦你死了，你就是死了，所以你生命的唯一意义在于不死，永远不，在任何情况下都不。无论如何，都要活着。

在相信永生的社会，新道德将非常简单：不惜一切代价活下去，因为永生是这辈子唯一重要的事情。

46. 我们真的需要智能吗

智能很麻烦。当我们与人类互动时，除了我们想要达到的目的，我们还得考虑他们的心情。我们可能只需要对方帮个小忙，然而对方是高兴还是难过，在度假还是睡着了，刚刚失去至亲还是在事故中受伤，或者是否生我们的气，工作是否很忙，结果可能都不同。对方能否帮我们忙，他的能力还在其次，主要因素在于他的精神状态，看他是否有愿意帮忙并且现在就帮的心情。而我们找愚蠢的机器帮忙时，唯一的问题在于机器能否执行这个任务。如果机器能做，只要电源插到插座上，它就会伸出援手。它不会抱怨自己身体疲惫或心情不好，不会向我们要烟抽，不会用十来分钟与邻居闲聊，而且也不会谈论时政或足球比赛。

这似乎是一个悖论，但是，机器很愚笨，与它们打交道很容易，而且不会造成任何伤害。它们只会执行我们的指令，不会意气用事，不会怨天尤人，也没有繁文缛节。

智能生物的复杂之处在于他们受情绪、感情、看法、意图、动机等的影响。即使你问一个最简单的问题，智能生物的反应也无法预测，一切都由复杂的认知装置（cognitive apparatus）决定。如果你的妻子生你的气，连最简单的问题："现在几点了"她都不会回答。另一方面，如果你在恰当的时间采用恰当的方式，一个完全不认识的人也可能向你提供一些重要的帮助。在许多情况下，知道如何激励人非常重要。但在有些情况下，可能再怎么激励他也无济于事（如果那个人的心情不好完全是你无法左右的事情）。人类是个大麻烦。与他们打交道是一项大工程，更不用提人类会睡觉、生病、度假以及午休，甚至还经常罢工。

比较下人类和愚蠢的只会简单执行你的指令的机器。例如，自动取款机一年到头不分昼夜随时都能给你取钱。在智能生物被愚蠢的机器取代的场景中，互动都会变简单。我们将人机交互结构化，从而机器能够按照我们的要求执行操作。

在许多领域，自动化客户支持取代人类的原因不仅在于它的运营成本较低，还在于大多数情况下大多数客户更喜欢自动化客服。真实的情况是，我们很讨厌接线员的一长串开场白："喂？你好吗？今天的天气真不错，是吧？请问您需要什么帮助？"我们大多数人宁愿按下电话键盘上的数字。事实是，如果我们能在与人打交道时开门见山、不绕弯子，大多数客户会非常开心。

过去我在公司上班时，最让我受挫的两类人是秘书和中层管理人员。

与秘书打交道（特别是在工会化的意大利）需要运用高超的心理技能：说话语气不对，说错一个字，她就会一天都不搭理你。大部分中层管理人员都是平庸之辈，经常做事拖沓，公司给他们发薪水好像是让他们专门扼杀下属的奇思妙想。快速解决重要的事情的唯一办法就是再次使用心理学技能：和他们做朋友，跟他们聊天，找到他们的兴奋点，开车送他们回家，下班后与他们一起消磨时间。在这种环境下，难道我不希望我的同事和秘书是无情的机器人？

那么，让我们面对这个问题，我们经常对设有各种条条框框的人际交往没有耐心。我们很高兴看到在特定的目标和法则约束下，冷冰冰的人机交互可以取代彬彬有礼的人际交往。因此，我们并不真心想要与人类智能相等同的机器，也就是说，我们不希望它们有七情六欲，会寒暄、欺骗、求情等。发明机器的一个目标正是为了省略所有这些，去除“人性化”的低效、烦人、耗时的一面。

我们将人性 / 智能的元素从日常生活的多个方面去除，因为事实是，在大多数情况下，我们不希望和智能生物打交道。我们希望面对的是非常愚蠢的机器，只要我们按下一个按钮，它就能执行一个非常简单的动作。

造成人性化互动越少越好这种心理趋势的原因，还是留待心理学家和人类学家研究。但这里的重点是智能是有代价的：智能有感情、见解、生活习惯，以及其他很多累赘。你不能在拥有真正的智能的同时摆脱这种累赘。

当我们研究如何创建智能机器时，我们指的是真正的“智能”还是“以愚蠢的方式服务于人类的智能”？

Chapter 6

第六章 人工智能的伦理与道德

47. 道德问题：谁为机器的行为负责

2000—2010 年，无人机和机器人战争走出科幻电影的大银幕，变为现实。据大卫和伊莱恩·波特（Elaine Potter）于 2010 年成立的独立非营利组织新闻调查局统计，美国无人机已在至少七个国家夺去了 2500~4000 人的性命（阿富汗、巴基斯坦、叙利亚、伊拉克、也门、利比亚和索马里）。其中有约 1000 位平民，且有约 200 名儿童。

这些武器是比较极端的例子，说明了机器是如何缓解我们的负罪感的。如果我不小心杀了三个孩子，我将在内疚中度过余生，也许会自杀谢罪。但是，如果无人机误杀了三个孩子，5000 公里以外的使用谷歌地图、巴基斯坦情报和人工智能软件的一个团队负责编程，将军或总统亲自下令袭击，在这些人中，谁会对这三个孩子的死感到内疚？给机器分配任务的美妙之处在于，行凶者不用亲自动手——责任被淡化，“扣动扳机”比直接杀人更加容易。如果错误是软件故障造成的，会怎么样呢？软件工程师会感到内疚吗？他甚至可能不知道软件中有“错误”，就算他知道，他可能永远也不会知道这个错误会导致 3 名儿童死亡。

“借刀杀人”并不是新鲜事物。至少可追溯到第一次世界大战中的第一次空中轰炸（因为当时这种做法骇人听闻，后来被毕加索永远地定格在他的画作《格尔尼卡》中），人们使用机器（飞机）向看不见的市民空投炸弹，而不是向可见的敌人投掷手榴弹或开枪射击。凶手将永远不会知道也不会亲眼看到他杀死的人。

其他的所有事情与战争同理。使用机器完成某个行动基本上使机器的设计者和操作者免于该项行为的责任。

同样的概念也适用于其他情景，例如手术。如果由机器执刀的手术失败，导致病人死亡，是谁的错？操控机器的团队？生产机器的公司？确定这个手术方案的医生？我怀疑这些人都不会感到特别内疚。最多不过就是机器的计数器机械化地在手术失败的统计数据中加一。“哎呀呀，你死了”，这将是社会对可怕事件的反应。

你并不需要考虑武装无人机将问题可视化。试想下你在快餐连锁店的经历。你在柜台点餐，在柜台另一端的收银台支付，然后在取餐区域等待取餐，最后，不同的服务生为你端上所订购的食物。如果送到你手里的餐和你点的餐不符，很自然你会向送餐的服务生抱怨；但他并不会感到内疚（正常情况下），他的主要工作是继续为其他等餐的客人提供服务。从理论上来说，你可以回到点餐柜台，但是这将意味着重新排队或插队，引发其他排队顾客的不满。你还可以叫经理，即使整个事件发生时他完全不在场，你也能将对差劲服务的不满发泄在他身上。经理肯定会道歉（这是他的工作），但即使是经理也无法找出错误的真正责任人。（点餐的服务生？厨师？还是写错了订单的笔？）

事实上，许多企业和政府机构巧妙地把你和责任链分离开来，这样你就不能与某个特定的人争论。当出现错误，你非常生气，每个人都会回答：“我只是做了我那部分工作。”你可以笼统地责怪系统，但在大多数情况下，在系统内没有人会为此内疚或受罚。而且，你还是觉得系统让你失望，你受到了不公平待遇。

这种服务和服务者分离的方式已经变得如此普遍，以至于年轻一代理所当然地认为“所得非所订”是家常便饭。

随着机器在普通人的生活和工作中的普及，通过机器使行为和责任脱钩日益成为普遍现象。越来越多的人将失败的责任转嫁到机器身上。例如，约会迟到的人们经常抱怨自己使用的工具。例如，“导航软件把我带错了地方”或“在线地图让人看不懂”或“我的手机没电了”。所有这些情况的潜台词是“不是我的错，都怪机器”。你决定使用导航（而不是向当地人问路），或你决定使用在线地图（而不是官方地图），或者你忘了给手机充电等这些事实似乎不再重要。你的生活仰仗机器，它们为你工作，这些都是理所当然的，如果它们出现问题，那不是你的错。

但是也有一些隐性的道德问题。作为总是被版权问题缠身的作家，这是我最爱讨论的一个话题。让我们想象一下，未来可以成功为每个人打造出一模一样的复制品。它只是一台机器，虽然它的外观、感觉和行为与你本人完全一模一样。你是一个漂亮的女孩，有一个男人对你痴迷。于是那个人上网购买了你的复制品，通过快递送到自己家里。他打开包装，输入激活码，启动复制品，它的表现完全和你一样。从技术和法律层面来讲，复制品只是玩具。制造商保证这个玩具没有感觉 / 情绪，它只是模拟了你的感觉 / 情绪造成的行为。然后这个男人继续虐待你的复制品，后来“杀掉”它。它只是从玩具店买来的玩具，所以买家对它做任何事情都完全合法，甚至强奸它或杀死它。我想你应该懂我的意思：我们有法律保护这本书免遭剽窃，或我的观点不被扭曲，但是没有法律保护我们的复制品。

回到承担关键任务的机器人：因为它们越来越容易操作，价格越来越便宜，它们可能越来越被常用于关键任务。简单、廉价、高效：不会受到道德上的质疑，不会入睡，童叟无欺。在越来越多的领域使用机器取代人类，将是很难抗拒的诱惑。

我不知道是技术驱动人工智能的发展，还是摆脱承担道德责任的想法促使人类采用新技术。我认为社会追求的是最小化我们责任的技术，而不是最大化提高效率的技术，也不是最大化我们责任的技术。

48. 机器智能的危害：机器信誉

这个世界确实已经变了：现在人们对机器比对神更有信心。

当你在山区的二级公路上开车时，GPS 地图和导航软件并不完全可靠。当我参加的徒步小组向山里出发时，我们必须打开最流行的“导航仪”，因为一些朋友坚持要使用它，即使有人非常熟悉路线。如果导航系统停止工作，他们会停下车。即使面对铁一般的证据，当导航仪带错了路或设计了一个不合理的路线，他们也还是会为它辩解。

2013年9月，我在Facebook上发布消息说："我在YouTube上搜索'甘地视频'，出来的却是辣妹的广告。"结果我收到数量惊人的回复说广告是基于我的搜索历史。我回复说我并没有登录YouTube、Gmail或任何其他产品。一个（终身从事软件行业）朋友接着回复说："跟这些没有关系，谷歌知道的。"如果你没有登录，（谷歌、必应或其他任何网站）就不知道是谁在搜索（可能是一位客人用过我的电脑，也可能是搬进我房子里的某个人使用我曾用过的IP地址），再怎么解释也毫无意义。就算我发誓从来没有搜索过辣妹，也毫无意义！（在过去的一周，我一直在研究编制现代印度发展的时间轴。）不管怎样，问题的关键不在于我是无辜的，而是那么多人坚信软件知道我做过那样的搜索。人们相信软件知道你所做过的一切事情。这让我想起上小学时的天主教神父说的话："上帝知道！"

也许我们正在朝着这个方向发展。人们认为软件可以创造奇迹，而事实上，大多数软件都会犯非常低级的错误，让它变得非常愚蠢。

也许我们正在目睹古代宗教诞生时所发生的事情。（接着，他们会用火烧死像我这样拒绝相信的异端。）

普通用户对软件工具的信心远远超过开发者对它的信心。

如果我有一次指错了路，很长一段时间里我都不会被信任；如果导航系统出错，多数用户会简单地认为这是偶然的故障，并会继续信任它。人们对机器犯错的包容度似乎更高。

人们往往更愿意相信机器，而不是人，而且奇怪的是，人们似乎也更愿意相信机器提供的见解和意见，而不是专家提供的第一手意见。例如，他们会听取亚马逊或Yelp网站的意见，而非书籍和餐馆专家的意见。他们更相信导航系统，而不是在那个地区生活了一辈子的人。

生活中的事例证明（如政治选举），我们没有自己想象得那么聪明，而是很容易被人愚弄。我们使用电脑时，似乎变得更加容易上当受骗。想一想“垃圾邮件”有多么成功，你最喜欢用的搜索引擎和社交媒体上的广告有多么成功。如果我们聪明一点，这些搜索引擎和社交媒体很快就会关张歇业。它们如日中天，是因为有数百万的人点击这些广告链接。

软件变得更“智能”，人们会更加信任它。不幸的是，软件变得更“智能”，对人们的危害力也会变得更强。它不必“故意”作恶：可能仅仅是软件工程师一厢情愿推出新的软件版本时遗留的软件缺陷所致。

试想一下，机器播报虚假新闻，例如，某种传染病在纽约蔓延，夺去了无数人的性命。不管最有声望的记者怎样辟谣，人们都开始争先恐后地逃离纽约。恐慌情绪在城市间迅速蔓延，并被数百万民众的恐慌行为放大（可能还有所有分析、处理和播报来源于那台机器的数据的其他机器）。

无人机袭击似乎得到大多数美国公民心照不宣的支持。这种支持不仅是出于军事上的考虑（无人机袭击减少了步兵奔赴危险战场的概率），还有一个原因是人们相信无人机袭击定位精准，主要用于打击恐怖分子。然而，美国经常宣传无人机只是袭击和杀死了恐怖分子，而巴基斯坦、阿富汗、也门的当地媒体和目击者却经常报告它杀害了很多无辜的平民，其中包括儿童。相信机器很聪明的人更倾向于支持无人机袭击，相信机器还很愚蠢的人则反之。后者（包括我在内）认为，杀害无辜平民的可能性非常大，因为机器如此愚蠢，并有可能犯下可怕的错误（正像你最喜欢的操作系统新版本有错误的可能性是 100%）。如果每个人都能看清这些机器有多么错谬，我相信无人机计划很快会被取消。

换句话说，我并不害怕机器智能，我害怕的是人类轻信机器。

49. 机器智能的危险：机器的速度需要限制吗

在不远的将来，我看到在概念上很难理解的机器（超人类智能）不会到来，这种危险不存在；但我看到的危险是未来的计算机速度将如此之快，控制它们本身就是一项大工程。我们已经无法控制计算速度快于人类大脑百万倍的机器，在可预见的未来，这个速度将持续增长。

这并不是说，我们无法理解机器在做什么：我们完全明白机器进行计算的算法。事实上，我们编写算法，并把它输入机器。机器的计算速度要快于最聪明的数学家。当算法引发了一些自动动作（比如购买股市的股票），人类被排除在循环之外，只能被动接受结果。当成千上万台机器互相交互并且成千上万种算法（人类完全理解每一种算法）以惊人的速度运行时，人类不得不相信计算的力量。是速度成就了“超人类”智能：不是我们无法理解的智能，而是远远“逊色”于我们、计算速度非常快的智能。危险在于没有人能确保该算法设计正确，尤其是当它与众多算法交互时。

能够如此之快的只能是另一种算法。我怀疑，这个问题将通过引入限速的方式来解决：只允许算法在一定的速度范围之内，只允许“警察”（防止算法引发问题的算法）的速度更快。

50. 机器智能的危险：妖魔化常识

聪明的人类创造的机器有一些令人不安的因素。它担负着一些特别的使命，不按照人类的套路出牌。我们在生活的方方面面越来越常见到一种愚蠢机器：它的规则不容人类智能干涉。

我举一个简单的例子，我觉得这个例子比那些“骇人听闻”的人工智能更有说服力。我居住在旧金山的湾区——世界上科技最发达的地区之一。

在湾区最负盛名的大学，我们举办过多场晚间讲座。湾区以多雾而著称，夏天也很凉爽（如果算不上冷的话），尤其是晚上。尽管如此，电脑设定好的程序是只要还有人在工作，不管外面有多冷，校园里的空调照开不误。参加晚间讲座的人们真的带着毛衣甚至冬装来上课。暂且不说浪费了多少能源，有趣的是没有人知道如何让机器停止这样做。几个月的时间里我们试着联系了不同的部门，依然“不确定还能联系一下谁，才能解决这个问题”，（引述理学院一个部门的负责人的原话）“显然，重置大楼里的温控器非常难”。

这是让机器管理世界的真正危险所在。我认为如果在非常寒冷的晚上室内空调依旧吹着冷气，任何人都不会将温控器称为“智能”。事实上，我们将之视为愚蠢至极。但是，远远比机器聪明的人类，虽然创造了它，但很难按照常识控制它的行为。其原因是，愚蠢到令人难以置信的机器生来无视更高级智能生物都具备的常识。回想一下你的电脑控制的汽车，电脑控制的设备和电脑控制的系统往往让你无法按照常识和正常智能进行操作，即使它们运转良好，事实上，这也正是其中的原因。

我担心充斥人类社会的数百万台机器会强制人类不使用常识，而只是遵循规则：它们的目的是把我们变笨。

51. 机器智能的危害：你是别人盈利的工具

机器智能的另一个危险是运用计算能力作为销售工具的趋势越来越势不可当。究其原因，人们愿意接受电子商务网站的条款和条件，这些公司非常擅长掩饰他们收集到用户信息后动过的手脚。与哈梅巴赫同时代的最优秀的人才都在思考如何让人们点击广告——利用收集到的所有数据，不放过任何蛛丝马迹。投入这项工作的不仅有最优秀的人才，还有最先进的机器。人工智能技术已经被用来收集用户信息（以前被称为“监视用户”），为了采取对用户更有针对性的销售策略。

万维网的初衷并不是要创造一个那样的世界：智能软件控制你上网的一举一动并使用它来为你量身打造上网体验；而可怕的是，它正在朝着这个方向发展。计算机科学正在将你的生活转化成他人的商机。

间奏曲：没有人性的人类

我们生活在一个半自动化的世界：我们乘坐机器出行（汽车、公共汽车、火车、飞机），厨房电器帮我们做大部分家务，包括电视机和电脑在内的机器为我们提供娱乐。

我们与其他人的互动越来越少，因为机器替代了人类原有的许多功能。你在银行取钱时谁把钱交给你？自动取款机。在停车场谁递给你停车卡？机器。

如果我们单纯地从经济角度看待那些取代人类的机器，会发现：24/7（一天24小时，一星期7天）服务成为现实，机器价格低廉甚至免费，一个工种被淘汰，我们可以在其他地方创造更多的就业机会，因为我们节约了原来的人工成本等。但是，在机器当道的背后还隐藏着更重要的故事：如果我周围的人都被机器取代，这意味着我与人的互动减少。每多一个人被机器取代，我与其他人互动的机会就相应地减少。关于人机交互，我们谈了很多，并轻易地忽视了一个事实：人机交互带来的后果是人与人之间的交往减少。

这种趋势已经持续了至少一百年。曾经有大批的接线员转接电话，曾经有大批的秘书打印文件，曾经有大批的销售员服务于广大客户……今天，这些人已经消失，我们在机器世界里越来越孤单。

这种趋势将持续到人工智能时代，那时许多人，尤其是老人，将只与机器打交道。机器会看管我们的家，为我们跑腿，照顾我们的身体，丰富我们的娱乐生活。这将极大地减少我们与其他人交往的必要性，导致我们与自己的家人也渐渐疏离，因为家人的支持变得越来越不必要。

未来你的同事将是机器人，你的朋友将是机器人，也许你的恋人也将是机器人，亲眼看着你离开这个世界的朋友也将是机器人。世界各地的多家医院也已采用机器照顾病危病人。

那么，你不再与人来往后，人性会发生什么变化？

Chapter 7

第七章

人工智能的未来方向

52. 模拟VS数字

在人类文明史上，不论过去还是现在，大多数机器都是模拟机，从水车到汽车引擎。计算机技术创造的很多奇迹都源于一个事实，它们是数字设备：一旦文本、声音、图像、电影等被数字化，数字设备就能以惊人的速度执行指令，在过去需要投入大批工人或专家以及昂贵的专用设备才能实现这些操作。简单来说，数字化的意思就是转变为数字，因此计算机以令人难以置信的计算速度自动影响了其他领域，包括管理文本、音频和视频。“编辑”功能是数字世界带来的最伟大革命之一。在此之前，所有编辑工作（文本、音频、照片、视频）都费时费力。随着数字机器的技术进步和数字化的全面实现（二者相互推动），文件归档、编辑、发送等工作被彻底改变。

现在电视节目、电影、音乐和图书的制作和传播都越来越多地采用数字格式，不知道未来的人是否还知道“模拟”的意思。模拟指所有可测量的物理属性，测量值在连续的范围内变化。在自然界中的一切事物都是模拟：巨石的重量、城市之间的距离、樱桃的颜色等（并不适用于微观层面的自然界，因此才有量子理论，但这是另一回事）。数字化是一种物理属性，可测量的值仅有几个。今天的数字化装置通常只能处理两个值：0和1。其实，据我所知，非二进制的数字设备还不存在。因此，事实上，在我们的时代，“数字化”和“二进制”是一个意思。0和1以外的其他数字可以通过0和1的字符串来表示（例如，计算机内部用101表示5）。文本、声音和图像都按照特定的代码（如ASCII、MP3和MP4），被转换成0和1的字符串。

要想知道模拟和数字之间的不同，最简单直观的方法是比较一下有百年历史的钟楼时钟（12个罗马数字加上两个指针）和数字时钟（只用“小

时 / 分钟”的格式显示时间)。

当我们把事物属性从模拟转换为数字，电脑就可以对它进行处理。因此，你可以(通过简单的命令)编辑、复制并通过电邮发送一首歌，因为它已经被转化为音乐文件(0 和 1 的字符串)。

音乐发烧友仍然质疑数字文件“听起来”是否像模拟音乐。我个人认为，两者没有任何差别(以今天的比特率)，但固执的发烧友坚持认为：任何事物在数字化过程中都会有所损失。数字时钟显示“12：45”，就没有离 12：46 还有多少秒的信息。过去的模拟时钟可以显示分针的确切位置。这个信息可能也没多大用(用放大镜和便携计算器才能看出多少秒)，但尽管如此，时钟有这段信息。音乐文件是不是歌曲分毫不差的翻版？当乐手表演时，他们在制造模拟对象。一旦模拟对象被转变为一个数字文件，便流失了无数细节。人的听力是有限的，因此不会注意到(除了上面提到的固执的音乐发烧友)。我们对此不介意，因为我们的感官只能感受一定的音频和视频范围。我们对此不介意，还因为数字文件使一些奇特的功能成为现实，例如，它可以美化照片的颜色，所以，尽管一直在下雨，我们也可以假装度过了一个阳光明媚的假期。

当机器进行人类活动时，它们把这些活动“数字化”，也把这些活动背后的心理活动数字化。事实上，只有人类把活动所需要的所有条件(活动范围的地图)数字化以后，机器才能实现这些人类活动。

用数字电子计算机来模拟大脑听起来特别诱人，因为人们发现神经细胞的工作就像开 / 关切换一样。当它们从其他神经元接收的累计信号超过某一阈值时，它们就会被“点燃”，否则它们按兵不动。1854 年，英国哲学家乔治 • 布尔(George Boole)在《思维法则》一书中首次提出二进制逻辑，为人类思维打下了基础。事实上，早在 1943 年，沃伦 • 麦卡洛克(Warren McCulloch)与沃尔特 • 皮茨(Walter Pitts)合作，从数学角度描述了“人工”神经元只能处于两种状态之一。人工二进制神经元群可以与错综复杂的网络连接，模拟大脑的工作方式。当信号被发送到网络时，它们会扩散到神经元。根据简单规则，任何从其他神经元接收到足够的兴奋信号的神经元会将信号发送到其他神经元。锦上添花的是，麦卡洛克和皮茨证明了二进制神经元网络完全等同于通用图灵机。

然而，有一个难题：麦卡洛克的二进制神经元整合输入信号时有一定的时间间隔，不像我们的大脑神经元一样连贯。每台计算机都有中央时钟，为逻辑设置速度，而人类大脑依靠异步信号，因为它没有与之同步的中央时钟。如果你更深入地探究人类大脑的工作原理，会发现大脑工作中有更多的“模拟”过程，而且神经元内部本身就存在模拟过程（不仅是一个通 / 断开关）。

有人可能会说大脑由人体的内部时钟控制（调节每一个功能，从心脏到视力），因此大脑就像一台数字机器；而所有由离散对象组成的事物都可以归结为夸克和轻子，因此，从本质上讲，真正意义上的模拟并不存在。即使你不认可，并引用量子理论据理力争，但大脑不仅仅只处理 0 和 1 的事实不会改变；而电脑只能处理 0 和 1。以下两种看法都很诱人：大脑是基于二进制逻辑的机器；人脑和电脑系统（无论后者发展得多么错综复杂）之间的区别在于电脑比大脑更加“数字化”。我们对大脑的了解只有皮毛，很难估计有多少过程不仅涉及开 / 关切换，但保守估计就有几百个。抛开麦卡洛克 - 皮茨神经元给人造成的错觉，电脑是二进制的机器，而人脑不是。

人脑以 10~100 赫兹运行，而今天微处理器一般以 2~3 千兆赫兹（10 亿赫兹）运行，比人脑快数亿倍，但做的事情更少，这绝对是有原因的；人类大脑消耗的能源大约 20 瓦特，却可以比消耗数百万瓦特的超级电脑做更多的事情。生物大脑有必要成为低功耗的机器，否则它们就无法生存。显然有些大脑工作原理是计算机科学家无法理解的。

卡弗 • 米德（Carver Mead）提出的机器智能的“神经形态”方法并不适用于人脑，原因很简单，我们不知道大脑的工作原理。基于人类基因组计划（于2003年成功解码人类基因组），美国于2013年4月推出了“大脑计划”，绘制大脑的每个神经元和突触的映射。

除此以外，还有政府资助建立大脑电子模型的项目：欧洲的人类大脑计划和美国的自适应可塑可伸缩电子神经系统（简称SYNAPSE），由最初赞助阿帕网的同一家机构即美国国防部先进项目研究署（DARPA）资助。德国的卡尔海因茨·迈尔（Karlheinz Meier）和瑞士的基尔克莫·印第维利（Giacomo Indiveri）都在摆弄模拟机器。从一个节点向其他节点发出信号，更好地模拟信号触发人脑神经元工作的“动作电位”，而且它所用电量远远少于数字计算机所用电量。SYNAPSE（2008）催生了加利福尼亚州的两个项目，一个由休斯研究实验室（HRL）的纳拉扬·斯里尼瓦沙（Narayan Srinivasa）负责，另一个项目由硅谷的IBM公司阿尔马登实验室的达曼德拉·莫德哈（Dharmendra Modha）负责。

后者在2012年宣布超级计算机能够模拟猴脑的数百万亿突触，并于2013年推出了“神经形态”芯片TrueNorth（它的构造并非从电子计算早期到现在占主导地位的传统的冯·诺依曼结构），它可以模拟100万个神经元和2.56亿个突触。这为计算机科学的发展超越冯·诺依曼结构奠定了第一块基石。有趣的是，该芯片（功率仅70毫瓦）也是历史上最省电的芯片之一……就像人的大脑。

预告：机器伦理

如果我们建立一个功能与人脑别无二致的机器，在它身上做实验符合伦理道德吗？给它编程触犯道德底线吗？进行修改并最后摧毁它会受到道德的谴责吗？

53. 如何建立一个强人工智能

2013 年 4 月，我在斯坦福大学人工智能实验室看到肯尼思·索尔兹伯里（Kenneth Salisbury）团队与柳树车库共同演示了坐电梯 / 步行上楼买咖啡的机器人。它需要完成对人类来说微不足道的操作：识别透明的玻璃门是门（不是墙上有一个洞，也不用管机器人自己在玻璃里的投影），确定门属于哪种类型（旋转门、推拉门还是自动门），找到开门的门把手，认出弹簧门，并知道它不如一般的门好开，找到电梯门，按下电梯的上楼按钮，进入电梯，找到要到达楼层的按钮，电梯四面都是反光玻璃（因此机器人不断看到自己的身影），按下楼层按钮，找到点咖啡的柜台，支付，拿起咖啡，其间要不断地处理与人类的关系（门里进出的人，一起搭电梯的人，排队等候的人）并避免不可预知的障碍；如果有张贴出来的告示，阅读告示并理解其中的意思（例如电梯出故障或咖啡厅打烊），并改变相应的计划。最后，机器人做到了。机器人用了 40 分钟买回来一杯咖啡。

这并非不可能做到的事情。我会请专家估计要多少年才会出现能在任何情况下 5 分钟之内上楼买到咖啡的机器人，就和人类一样。然而，根本的问题是，因为它可以去买一杯咖啡，这样的机器人应该被当做智能生物存在还是另一种电器?

这需要时间（比乐观主义者预估的可能更长），但某种“人工智能”确实要到来。要多久到来取决于你对人工智能的定义。约翰·麦卡锡在 2007 年临终前写下的最后一件事是：“我们尚且不能归纳我们心中的智能计算程序具有哪些普遍特性。”

尼克·博斯特罗姆（Nick Bostrom）写道：“人工智能科学家对该领域的未来预测如此不准，原因在于技术难度超过他们的预期。”我并不同意他的观点。我认为，那些科学家们非常清楚他们在做什么。（博斯特伦认为）

"每过一年，人工智能预计实现的时间就会往后推迟一年"的原因是，我们不断更改对它的定义。恰如其分的"人工智能"定义一直都未出现，到现在仍是空白。难怪最初的A.I.科学家们并不关心安全或伦理问题，因为他们心目中的机器是棋手和定理证明者。这就是"人工智能"原本的意思。A.I.科学家算不上称职的哲学家和历史学家，他们并没有意识到人工智能来自悠久的自动化历史，将推动自动化从一个高潮走向另一个高潮。他们也没有长远的眼光，没有想到在几十年之内自动机器的速度将提高几百万倍，价格便宜几十亿倍，而且会实现大规模的互联。真正取得进步的不是人工智能科学，而是小型化。它使数千个体积小巧、价格低廉的处理器相互连接成为可能。尽管由此产生的机器"智能"水平不高，但其带来的结果是惊人的。

首先，有必要区分人工智能和强人工智能。人工智能很快会来到，如果你不小题大做的话，从某种意义上说它已经到来："人工智能"只是我们给"自动化"披上的神秘外衣，这一点最早可以追溯到古希腊的水车，那时就已开启了自动化的发展进程。你只要问，搜索引擎（运用非常老式的算法和住在"服务器农场"的数目庞大且非常现代的电脑）都会给你找出一个答案。机器人（制造业的进步以及迅速下降的价格）将遍布各个领域，成为家居用品，就像洗衣机和马桶一样；最终会出现多功能机器人，就像今天的智能手机结合了过去手表、相机、手机等功能；而且，在智能手机问世以前，汽车就整合了收音机和空调的功能，飞机就囊括了各种精密仪器。

数百万份新工作将由此产生：维护机器人的运转以及为"制造机器人的机器人"制造基础设施；制造机器人以及制造制造机器人的机器人；维护并开发搜索引擎、网站以及网站以后的产物。有些机器人很快就会来到，有些机器人还需要几个世纪。小型化会让它们的体积越来越小，价格越来越便宜。到了某个时候，我们将真的被尼尔·斯蒂芬森（Neil Stephenson）

描述的“智能灰尘”包围（见他的小说《钻石时代》），无数个微小的机器人，每个都只掌握人类的一项专属功能。如果你愿意将这些单一功能程序称为“人工智能”，请自便。

如果某个人的大脑只会做一件事情，我们不会称之为“智能”。

然而，强人工智能更接近人类：也许我们并不是样样精通，但是我们会做很多事情，并且有能力去做很多我们以前绝不会做的事情。强人工智能不限于一项、两项或 600 项任务：它能够执行所有人类的任务，但不需要特别擅长某个任务。

没有对强人工智能构成要素的明确定义，就预测强人工智能将至，如同预言耶稣降临一样“科学”。强人工智能可以被看做单功能程序的集合，每个程序专门执行一项特定任务。在这种情况下，需要有人告诉 A.I. 专家，我们希望强人工智能能够实现哪些功能。有人会指出是否需要强人工智能在赞比亚乘坐公共汽车或在海地换钱，还是只需要它以迅雷不及掩耳的速度梳理海量数据。一旦我们有明确的需求清单，我们就能让全世界的专家合理估算实现构成强人工智能的各个功能需要多长时间。

这个话题由来已久。几十年前计算数学的奠基人（阿兰·图灵、克劳德·香农、诺伯特·维纳、约翰·冯·诺依曼等）讨论过哪些任务可以变为“机械化”，由计算机执行，即哪些能够计算、哪些不能计算，还讨论过哪些任务可以外包给机器，这样的机器应具备哪些条件。今天的电脑执行的是现代深度学习算法，如下围棋，仍属于通用图灵机，遵从老式机器证明定理。因此，阿兰·图灵的理论仍然适用。1936 年（在概念上）发明图灵机的全部意义在于证明解决所有程序输入对的“停机问题”的通用算法是否存在，答案是干脆的“否”：总有至少一个程序不能被“决定”，即永远不会停止运行。1951 年，亨利·戈登·莱斯（Henry Gordon Rice）提出更具说服力的观点支持这一结论，即“莱斯定理”：所有图灵机行为的非一般属性是不可判定的，这是对图灵机的不可判定性更为通用的解释。换句话说，经证明，就通用图灵机（现在所有的电脑几乎都属于这一类）而言，不管机器怎么发展，它的“理解力”都有一定的局限。

然而，人们通过动用成千上万台机器再加上“暴力计算”方法，已经完成轰动一时的壮举，比如能击败围棋冠军的机器，能识别猫的机器。所以，你可能会接受强人工智能可以通过纯粹的“暴力计算”方法产生：为每一个可能的任务开发单功能程序，然后以某种方式把它们汇集于一台机器，它将能够实现人类的所有功能。

然而，有些人对此表示质疑，人类的思维方式并非如此。没有任何神经科学证据表明，人脑是单功能程序的集合。倒不乏反面证据：人类大脑能够触类旁通，举一反三，有些时候无师自通。人类属于强人工智能，因为人类大脑可以接收到新任务，并找到执行方法，即使从未受过这方面的训练。

虽然我被一再告知随着人工智能和机器人技术研究的发展，将不断涌现更优质、更聪明的设备（从根本上来说与人类“智能”完全不可相提并论），但是我还是无从知晓人工智能能否实现突破，与（一般）人类智能相媲美的不同类型的计算机出现的可能性到底有多大。

打败世界围棋冠军的机器程序吸纳了所有主要围棋比赛的棋谱，在未落子以前它就算出百万种下棋招数。这显然把人类对手置于很被动的局面。即使最伟大的围棋冠军记忆力再好，也不可能记住每场比赛。人类棋手依靠的是直觉和创造力，而机器仰仗的是海量的知识和运算。将机器的知识库缩窄到人类的水平，并限制超时之前它能执行的逻辑步数，使其与人类的大脑可以执行的逻辑步数相当，然后我们测试下机器与普通棋手对弈的胜算能有多大，更别提战胜世界冠军了。

让电脑（或更好、更庞大的知识库）和人类下棋无异于让大猩猩和我打拳击比赛：我不知道，你是否可以从拳击比赛的结果中推断出我和大猩猩分别属于哪级智力水平。

前面我曾提到自然语言处理的发展裹足不前。这里的关键词是“自然”。实际上机器相当擅长非自然语言，语法正确但毫无创造力可言：“主谓宾 - 主谓宾 - 主谓宾……以此类推。”美中不足的是，人类并不这样说话。如果我让你对同一个场景进行十次描述，你每次都会使用不同的词语。

语言是一门艺术。这就是问题所在。我们制造的机器，有几台能创作艺术？因为突发的灵感，在半夜起身写一首诗或画一幅画，这样的机器离我们还有多远？人类思维都是不可预知的。而且这不是成年人的专利：宠物常常带给我们惊喜，而孩子的鬼马精灵更是让我们惊喜不断。上一次机器出乎你所料是什么时候？（不是指他们一如既往的蠢笨、让你吃惊。）机器简单地做重复性工作，周而复始，没有任何想象力。

所谓真正的突破是：在对所有的围棋比赛的棋谱所知有限，并在落子以前只能进行有限的逻辑计算的情况下，机器仍然能够发挥出色。这样的机器会运用直觉和创造力。这样的机器会在半夜醒来，写下一首诗。这样的机器可能在几个月内掌握一门人类语言，就连资质最差的孩子也会如此。这样的机器不会把古英语“thou”翻译成“‘Tu’ e ‘un’ antica parola Inglese”，也不会在危险处境中看到红灯还停下。

我猜想这需要大刀阔斧地重新设计今天的计算机的架构。例如，一大突破在于实现数字结构到模拟结构的转变。另一大突破在于从硅（自然界的任何智能生物都不是用这个材料制成的）到碳（所有自然大脑都是这种材料制成的）的转变。当然，还有一大突破是创造具有自我意识的人工存在。

如今人们一般都认为在 20 世纪 70 年代 A.I. 科学家对神经网络与连接机制放弃得太过草率。我的直觉是，21 世纪我们不应过快放弃对符号处理（以知识为基础）程序的研究。基本上，逻辑方法在重蹈连接机制的覆辙：20 世纪 70 年代神经网络渐渐“失宠”，因为以知识为基础的系统的实践结果传达给人的信息是，基于知识的系统非常有限，神经网络的表现不够出色。

我的猜测是以知识为基础的方法并没有什么错。遗憾的是，我们从来没有找到恰当的方法来表示人类知识。表达（Representation）是最古老的哲学问题之一，我认为即使我们现在拥有强大的计算机，我们在这个问题解决上仍毫无建树。计算机的速度对修正错误的表达理论于事无补。

因此，我们认定以知识为基础的方法是错误的，应该转向神经网络（深度学习等）。事实证明神经网络非常擅长模拟专门的任务，每个神经网络能做好一件事，但不会像哪怕是最笨的人类甚至动物一样：使用同一个大脑执行数千个（有可能无限个）不同的任务。

54. 强人工智能的时间范围

如果“人工智能”只是简单指能完成一部分（不是全部）人类活动（如识别猫脸或下棋）的机器，而不是人类能做的“所有”事情（老鼠和棋手都会做很多其他事情），那么所有的机器以及电器都算得上人工智能。有些（收音机、电话、电视）甚至属于超人类智能形式，因为它们可以做人类大脑不能做的事情。

“人工智能”的定义确实至关重要：“什么时候机器将变得智能化”和“超人类智能什么时候到来”这两个问题的答案不是唯一的。这取决于“智能”的含义。我的回答可能是“它已经到来”或者“永远都不会来”。

因为它的不明确的定义，预测（货真价实的）智能机器的未来等于预测不存在的技术。你可以让火箭科学家预测人类什么时候能上冥王星：这种技术已经存在，人们可以推测使用该技术上冥王星需要做哪些改进。相反，我的感觉是，利用现有技术，我们根本没办法创造一个能大概完成人类常规认知任务的机器。实现这一点所需的技术尚不存在。机器会变得比人类更聪明，不仅会抢了人类的饭碗，而且会统治世界（通过杀掉所有人类或者让人类永远活着），以上这些纯属想象，就像天使和魔鬼是人类想象出来的一样。

很难预测未来，因为我们认为未来具有多种可能性而非只有一种可能性。（据我所知）从没有人预测认为大多数领域的专家见解将变得无关紧要，因为数百万名志愿者免费把知识上传到所谓的万维网，通过一台小小的电脑 / 电话，任何人都可以上网查询。这是未来的一种可能性，但未来有很多种可能性，没有人预测到未来可能是这样的。同样的道理，很难预测未来十年是什么样子的，更不要说未来五十年的样子。

如果 3D 打印等一些技术使普通人制造解决各种问题的廉价小工具成为现实，未来将会怎样？为什么我们还需要机器人？如果合成生物学可以创造另一种拥有各种惊人功能的生命形式，未来会变得怎样？为什么我们还需要机器？未来有一种显而易见的可能，基于今天现有的技术基础之上，那时的机器将继续发展壮大。它还有许多其他可能，那时由于现在某种并不存在的事物，计算机和机器人可能会被边缘化。

《全脑模拟》（*Whole Brain Emulation*，2008）的两位作者，安德斯 • 桑德伯格（Anders Sandberg）和尼克 • 博斯特伦（Nick Bostrom）曾进行过一项“机器智能调查”（Machine Intelligence Survey，2011）。调查之初，首先明确了人工智能的定义：一个系统“可以取代人类所有的认知性任务，包括需要科学创造力、常识以及社交能力的任务”。我估计这样的人工智能会在大约 20 万年之后出现：像人类一样智能的新物种需要自然进化的时间。如果人工智能必须从我们今天的机器出发，日积月累地变成能和人类进行正常交谈的机器，对此我的估计是：“绝无可能。”我只是根据我看到的人工智能现在的发展水平（微不足道、非常缓慢），从而得出人类发明这种机器遥遥无期的结论。

不过，这会再一次地引发我们对“所有认知任务”真正含义的冗长讨论。例如，将意识从认知任务类别剥离出来，就像将贝多芬从音乐家的范畴刨除一样，只是因为我们无法解释他的才华。

正如前面的内容所提到的，机器让我们变笨（或更准确的说法是，我们的自动化设计让我们变笨），并且现在在越来越多的领域（从算术到导航），机器比人类更“聪明”，不仅是因为机器变得更聪明，还因为人类已经丧失了他们曾经掌握的技能。如果未来照着这一趋势发展的话，我预测将出现严峻的局面，人类未来将变得更笨，因而强人工智能的门槛会降低，因此人工智能的适用范围将扩大；那时可能会出现“超人类”智能，但称之为“次人类”（subhuman）智能应该更加合适。

55. 如何找到突破口

不要问我人工智能的突破将在哪里。如果我有答案的话，就不会浪费时间写下这样的书。但我预感它将与递归机制有关，不断地重建内部状态：不是数据存储，而是真正的“记忆”。

对于历史学家来说，一个更有趣的问题是什么样的条件将引发人工智能的突破。在我看来，并不是资源丰富（如计算能力或信息）触发范式的重大转变，而是资源的稀缺。例如，詹姆斯·瓦特（James Watt）发明了现代蒸汽机，因为当时英国正处于燃料危机（这是由当时英国大肆砍伐森林引起的）。例如，埃德温·德雷克（Edwin Drake）在宾夕法尼亚州发现石油，因为当时灯的燃料鲸油正变得稀缺。这两种创新引发了彻底改变世界面貌的经济和社会革命（一种指数发展）。蒸汽机创造了经济繁荣，改变了世界格局，彻底变革了出行方式，并显著提高了人类的生活条件。德雷克钻成的第一口油井被视为现代石油工业的发端，当代世界对石油的仰赖程度非常之深。我怀疑，如果世界的木材和鲸油取之不尽，这两项革命还能否发生。

计算能力正在成为一种廉价的无限资源。因此我怀疑它无法引发人工智能的突破。

罗马帝国和中国的水能资源丰富，它们拥有先进的水动力机器制造技术；但这两个国家发生工业革命的时间比其他国家晚几百年。工业革命没有发源于中国和罗马帝国的原因（不是唯一但是关键的原因）很简单：它们有丰富的廉价劳动力（罗马人有奴隶，中国皇帝深谙动员民众之道）。

资源丰富是寻找资源替代品的最大阻碍。柏拉图说“需要为发明之母”，那么丰富为发明之杀手。

我们生活在一个计算能力过盛的时代。一些观察家认为这表明超人类机器智能指日可待；在我看来，这表明我们的时代缺乏尝试的动力。

换句话说，我担心的是“暴力计算型人工智能”目前的成功正在放缓（没有加快）对更高级智能的研究（真正意义上的“人工智能”）。如果机器人对汽车一无所知就能修车，何苦教机器人汽车的工作原理？机器在（偶尔）识别猫、打败围棋冠军等方面的成功间接地降低了机器了解人类大脑（或者黑猩猩甚至蠕虫的大脑）如何瞬间识别多种事物以及执行各种操作的积极性。机器人执行这样那样的任务需要拥有惊人的灵敏度。它间接降低了机器了解人类大脑如何能够在各种情况下精密地控制人的身体以及有时推陈出新的积极性。

比尔·乔伊曾写道：“未来不需要我们。”但也许现实正好相反：我们不需要未来，如果现在能帮助我们解决一切问题的机器已成为现实。

56. 真正的突破：合成生物学

另一方面，我看到生物技术取得了惊人（准指数）进步，因此，我对生物技术将创造“人工智能”的时间的估计截然不同：一年内。而我对生物技术创造“超人类”智能的估计也很乐观：可能在十年内。我只是根据我看到的过去50年生物技术的发展做出这种推断；这可能会带有一定的误导性（再次声明，大多数技术发展最终将达到一个顶峰，然后发展速度减缓），但至少生物技术领域确实发展“迅猛”。“生物技术将如何实现人工智能这一壮举”这个话题非常有趣：在实验室创造出一种新的生命形式，还是生命体有意或意外地进化，还是一个一个复制人体细胞？但是，这是另一本书要讨论的话题。

本书要讨论的是数字到生物的转化，赋予生物学家创造不同形式的生命体越来越多的可能。这的确算得上一个“突破”。我的猜测是，机器仍然是工具（即每一代工具都带有“智能”的烙印，又都希望变得“更智能”），但其中的一个应用——生物技术应用，很可能对未来这个星球上的生命影响最大。

在模拟和学习人类大脑工作原理方面，生物技术甚至要优于A.I.。例如，剑桥大学的马德琳·兰开斯特（Madeline Lancaster）正在使用多能人体细胞培育三维组织（“脑组织体”），用来模拟人类大脑的发育过程[①]。

幽默间奏曲：贝叶斯和世界的终结

1983年，物理学家布兰登·卡特（Brandon Carter）推出了“末日论证”（Doomsday Argument），这一理论后来因为哲学家约翰·莱斯利（John Leslie）的著作《世界尽头：人类灭绝的科学与伦理》（*The End of the World, The Science and Ethics of Human Extinction*，1996）而广为人知。它是基于贝叶斯定理的一个简单的数学定理，证明我们有95%的可能属于地球最后出生的95%的人类。据莱斯利计算，一万年后人类将进入这一时期。虽然它遭到各种反对者的质疑非难，但与奇点科学不同的是，它建立在坚实的数学基础之上：其实，当今流行的深度学习神经网络，比如AlphaGo，也是建立在这一基础之上的（贝叶斯推理）。

① 参见《脑组织体模拟人类大脑发育和小头畸形》（*Cerebral Organoids Model Human Brain Development And Microcephaly*），2013年。

57. 小型化的未来：是下一个大的突破吗

如果我的观点是正确的，即机器智能广为人知的进展主要是由于小型化的快速进步和成本的减少，那么非常有必要专注小型化的未来。无论小型化接下来怎样发展，都很可能决定未来机器的“智能”。

尽管IBM的Watson由于处理琐事问题的能力而抢尽风头，但IBM其他人在纳米科技方面也取得了不俗的成绩。1989年，IBM阿尔马登（Almaden，位于硅谷）研究中心的道·伊格勒（Don Eigler）团队利用格尔德·宾宁（Gerd Binnig）和海因里希·罗雷尔（Heinrich Rohrer）于1981年发明的扫描隧道显微镜操控原子，用原子组成三个字母“IBM”。2012年，（同一研究中心的）安德烈亚斯·海因里希（Andreas Heinrich）团队将一个磁位数据存储在12个铁原子中，一个字节的数据存储于96个原子中；2013年，该实验室“发布”名为《男孩和他的原子》的电影，通过移动单个原子制成。

使用温度、压力和能量捕获、移动和定位单个原子，可能创建一种全新类型的电脑。

58. 计算的真正未来

1988年，马克·维瑟（Mark Weiser）提出了在未来计算机将被集成到日常物品的愿景（“无处不在的计算”），这些对象将互相连接。1998年麻省理工学院的两位射频识别（RFID）专家，大卫·布罗克（David Brock）和桑杰·萨尔马（Sanjay Sarma）通过链接到在线数据库的“标签”追踪整个供应链产品。此后“物联网”广为人知。

该技术已经成熟：传感器和执行器的价格足够低廉，嵌入到普通物品中也不会增加太多成本。其次，数据采集和传播的无线方法多种多样，只是存在建立标准的问题。监测这些数据将引起软件应用程序的下一波浪潮。

Facebook 利用了人们想了解朋友行踪的想法。但是，人们拥有的“东西”比朋友更多，与东西共处的时间比朋友更长，与东西打交道也比朋友更多。和 Facebook 相当的针对“东西”的事物尚不存在，但它可能更加来势汹汹。

与此同时，人们必须意识到，数字化控制的扩散也意味着我们生活的世界受监控的程度越来越严重，因为发生过和正在发生的一切事情都有记录。机器成为变相的间谍。事实上，你的电脑（台式机、笔记本电脑、平板电脑、智能手机）已变成非常老练精准的间谍，记录着你的一举一动：你读了什么，你买了什么，你跟谁说话，你去哪里旅行。这一切信息就在你的硬盘里，很容易被法医专家检索获取。

计算机科学的重点正在转向收集、传送、分析并回应各个不同来源的数十亿数据。幸运的是，“物联网”将被高度结构化的数据驱动。

数据爆炸的速度快于摩尔定律，即快于计算机的处理速度。用传统的原本用于运算的冯·诺依曼计算机体系结构挖掘数据，将变得越来越困难。

如果说我是强人工智能的怀疑论者，那我很清楚，我们正在快速建立一种全球智能，将越来越多的软件连接起来。这个巨型网络产生了各种正反馈回路，但该网络已经失控，并且一年比一年更难控制。

Chapter
8

Intelligence is not Artificial

Intelligence is not Artificial

Intelligence is not Artificial

Intelligence is not Artificial

第八章

人工智能与人类社会的未来

Intelligence is not Artificial

Intelligence is not Artificial

Intelligence is not Artificial

Intelligence is not Artificial

59. 为什么讨论奇点是浪费时间，为什么我们需要 A.I.

过度讨论机器超级智能和人类永生的到来徒劳无益。这么说最首要的直接原因是这些讨论完全是避重就轻。

我们生活在一个创新能力不断倒退的时代。有本事或立志成为下一个爱迪生或爱因斯坦的人寥寥无几。在硅谷谱写伟大成功传奇的是胸无大志的个人创业公司（谷歌、Facebook、苹果），他们都致力于对现有技术修修补补。很多国家注重模仿，而非创新。

各类专业学者都在讨论创新的停滞。我们先来简单回顾一下近期这类著作：经济学家泰勒·科文（Tyler Cowen）的电子书《大停滞》（*The Great Stagnation*，2010），科幻小说作家尼尔·斯蒂芬森（Neal Stephenson）的文章《创意饥荒》（*Innovation Starvation*，2011），硅谷的风险投资人彼得·泰尔（Peter Thiel）的文章《未来的尽头》（*The End of the Future*）（2011）；另一位硅谷企业家马克斯·马默（Max Marmer）的文章《扭转伟大思想的衰落》（*Reversing The Decline In Big Ideas*，2012）；科技杂志编辑贾森·庞丁（Jason Pontin）的文章《科技能够解决我们的大问题吗》（*Why We Can' t Solve Big Problem*，2012）；政治学家里克·塞尔（Rick Searle）的文章《科学和技术为何走进了死胡同，我们又能做出什么》（*How Science and Technology Slammedin to a Wall and What We Should Do About It*，2013）。

再有就是优先考虑的根本问题。奇点理论营造的假想世界分散了我们对现实世界的注意力。很多人为即将到来的奇点一味地欢欣鼓舞，而没有意识到不可持续发展的危险以及实际上它可能摧毁这个星球上一切形式的智能。比如包括保罗·埃利希（Paul Ehrlich）和克里斯·菲尔德（Chris Field）在内的气候学家，就曾有过“人类盲目发展导致的生态环境失衡可能使人类文明崩溃”的惊世之言。他们的科学最终是建立在与轰炸广岛同样的科学基础之上的（看起来和爱因斯坦的公式一样不可思议）。

另一方面，奇点理论的主要科学依据是：最突出的成就是赢得棋类比赛的人工智能。可以设想，坚定地相信奇点会到来的人会信心百倍地相信人类岌岌可危。

暂且假设科学预测的一切都会成真，气候快速变化的后果也将来临，因此造成的后果将完全推翻 A.I. 乐观主义者描绘的画面。还没制造出一个像样的人工智能，人类就可能已经灭绝。

在大约一百年的时间里，地球的平均地表温度大约上升了 0.8 摄氏度。鉴于目前的气温上升速度比过去快，下一个 0.8 摄氏度的涨幅会来得更快，而且人们普遍认为，在今天的地表温度基础上升温 2 摄氏度以上将是一个重要的转折点。回想一下，2003 年夏天一次持续多日的热浪导致仅法国国内就有 15000 人死亡。诺亚 • 迪芬堡（Noah Diffenbaugh）和菲利波 • 乔治（Filippo Giorgi，《*Heat Stress Intensification in the Mediterranean Climate Change Hotspot*》的作者，2007）曾模拟了如果平均气温上升 3.8 摄氏度地球将变成的样子：它将面目全非。就当前情况来看，地球肯定会达到那个温度，并且也用不了多长时间；而超级智能只是一个理论假设，依我的拙见，并不是指日可待。

正如我们看到的，气候科学家担心我们可能会迅速接近文明“崩溃”的边缘。环境危机四伏。有些危机是众所周知的：物种灭绝（会产生无法预期的生物学后果，比如蜜蜂的减少可能对果园产生威胁），大气和水污染，流行病，当然还有人为的气候变化。具体可参见国际自然保护联盟（IUCN）定期公布的《濒危物种名单》。据北卡罗莱纳州大学的名为“由人为空气污染和过去气候变迁所造成的过早死亡”（2013）的研究推断，空气污染导致每年超过 200 万人死亡。由康奈尔大学大卫 • 皮门特尔（David Pimentel）牵头的名为“导致疾病增加的生态学”（2007）的研究推断，全世界大约 40% 的死亡是由水、空气和土壤污染引起的。2004 年人口资源中心研究发现，每年220万名儿童死于水和食物污染导致的腹泻。而且，不要认为瘟疫是遥远的过去，请看下面一组数字：1981—2012年约3500万人死于艾滋病（根据世界卫生组织统计），2012年约340万人感染HIV（人类免疫缺陷病毒，能引起艾滋病），艾滋病已成为当代四大流行病之一。每年仍然有几百万人死于霍乱、结核病和疟疾；而且“新”的病毒不断在最意想不到的地方爆发（埃博拉病毒、西尼罗河病毒、汉坦病毒、禽流感、寨卡病毒等）。

有一些环境危机人们鲜有听闻，但其可怕程度丝毫不减。例如全球毒化，我们的地球填满了有毒物质，以前闻所未闻的失控的致命化学实验让它们之间相互反应，相互组合，这类实验每年都在成倍增长。许多科学家论述人类破坏生态系统的各种方式，但很少有人指出这些方式的结合造成的杀伤力要大于它们的单纯叠加。它存在“非线性”的一面，我们无法预测我们对地球的所做所为的后果。

地球人口再增加十亿，比先前增加的十亿人口对地球的影响更大。其原因是人类文明已经用尽了所有廉价、丰富的和无处不在的资源。在人类历史的开端，资源当然价格低廉、产量丰富并且遍布全球，无论是森林还是油井。虽然现在依然有巨大的资源存留，但开采的难度大大提高。例如，油井势必比以前埋得更深。因此，今天的一公升汽油不等于一个世纪后的一公升汽油：一个世纪后，开采同样一公升石油必定耗费更多的劳动。不仅仅是资源正在枯竭，剩下的资源也会变得更难提取利用（“边际回报递减”的经典案例）。

联合国的《世界人口展望》（2013）估计，到2050年，世界人口将从目前的72亿增加到96亿，而且人口增长主要集中于发展中国家，特别是非洲国家：世界上49个最不发达国家的人口将从2013年的9亿翻番至2050年的18亿。

灾难性事件不仅会发生，而且在不同类型的环境问题的夹击下，它甚至有可能早于悲观者的预测时间并且会以我们完全无法预测的方式发生。

必须声明，各类学科领域的专家正在加入日益多样化的环保者的行列，例如，经济学家杰里米•格兰瑟姆（Jeremy Grantham，管理着1000亿美元的投资）。他的主要观点[①]是，奇点派喜欢强调的“发展加快”，在250年以前随着煤炭开采就已开始，然后随着石油开采加速。廉价丰富的能源唾手可得使我们能够在一定意义上无视物理定律。如果没有化石燃料，人类就不会经历过去250年突飞猛进的发展。现在地球正在迅速临近饱和点：资源不足，无法满足所有人的需求。保持我们现有的资源水平本身就是一项艰巨的任务，欢呼超级智能即将到来的人们相当于本末倒置，就像即将丢掉工作的人还在打算买套更大的房子。

廉价的资源将迅速耗尽，这意味着自然资源成本不断下降的年代即将终结。事实上，2002年以前的一个世纪，自然资源的价格一直在下降，然后在短短的五六年时间里，价格的涨幅等于过去一百年的跌幅（引用格兰瑟姆的观点）。这意味着，我们可能回到250年以前的世界，那时煤炭（后来石油）经济还没有来临，政治和经济崩溃是常态；从字面上看，我们可能回到饥荒年代。

不仅仅只有石油是有限资源，世界农业依赖的磷酸盐也是一种有限资源。

人口增长这个参数其实带有误导性，因为“人口过剩”更多的是以物质资源来衡量，而非人口数量：大多数发达国家都没有人满为患，甚至地稀人稠的新加坡也远未如此，因为它们的经济发达，可以为国民提供良好的生活条件；大多数不发达国家都是人满为患，因为它们还没有解决温饱问题。从这个意义上来说，人口过剩的问题甚至在人口增长率下降的国家

① 参见2013年查理•罗斯（Charlie Rose）在电视节目中对他的采访。

愈发严重：十亿骑自行车的印度人不等于十亿开车、吹空调、用保鲜膜的印度人。如果这是你的生活，难道他们不应该过这样的生活吗?

改善人们的生活水平的技术（包括智能手机和未来的机器人）需要消耗更多的能源，目前主要能源来源于正在将人类引向灾难的化石燃料。

所有这些数字设备将需要更多的“稀土”，更多的钶钽铁矿石，更多的锂以及许多其他日益稀缺的资源。

我们生活的时代也是福岛时代。经济大国都打算放弃核能——唯一可以替代化石燃料的清洁能源。难道真的有人以为我们用风力涡轮机和太阳能电池板就能给未来的数百万的机器人充电?

克里斯·菲尔德（Chris Field）曾用一张图（在2012年政府间气候变化座谈会上发表题为《管理极端事件和灾害风险，加强对气候变化的适应性》的特别报告）生动地表现了“灾害风险”是“气候变化”和“脆弱性”的函数（在2013年能源生物科学研究所的研讨会上展示过）。机器人、人工智能以及其他类似的事物对这个方程式的影响值得深思。制造数百万台机器将对人为的气候变化产生影响；经济发展以耗费有限的资源为代价；并且如果高科技能延长人类的寿命，人口将不断增长。总之，人类不断创造智能机器，可能会加剧灾害临近的风险。灾害可能比超级智能机器找到避免灾难的方法来得更快。

《2015年巴黎气候变化协定》（COP21）对气候变化的估计过于乐观，甚至不具备可行性。

罗宾·汉森（Robin Hanson）[①] 等经济学家曾做过农业、工业和数字化革命的影响研究。每个革命都将加快经济生产力的发展。20世纪平均每15年全球生产总值就会翻一倍。这样的增长速度的确惊人，但如果机器可以

① 参见《奇点的经济学》（*Economics Of The Singularity*），2008年。

代替人类完成每个任务，现在的发展速度完全无法与之相提并论。那时的生产力不到一年就可能会翻倍。但存在的问题是地球的资源有限，大多数战争都是由资源短缺引起的。目前的经济增长速度下，自然资源已经捉襟见肘。试想一下，如果发展速度提高10倍，更糟糕的是，如果这些机器比矿工的挖矿速度快10倍或100倍，地球终将走向末日，不再适合人类居住。想象一下，全世界的机器数量不断增长、性能不断改进的话，几年时间内基本上地球上所有的资源都会被用尽。

欧里奇（Ehrlich）称之为“增长癖”（growthmania）：相信资源有限的地球可以实现指数增长。

乐观派反驳说数字技术比旧技术更“环保”。例如，电子邮件的出现大大减少了纸张的消耗量，从而减少了树木的砍伐量。它也减少了在城市间运送邮件和明信片的邮政卡车的数量。不幸的是，为了查收电子邮件和短信，你需要诸如笔记本电脑、平板电脑和智能手机等设备，导致对锂和钶钽铁矿石等能源材料的需求也成倍增长。

2007年以来，内燃机（即节能车）、混合动力汽车、电动汽车，以及其他公共交通工具取得的技术进步降低了发展中国家的油耗。但是，在21世纪的第一个十年里，整个亚太地区的油耗量增长了46%。2000年中国的石油消耗量达到480万桶／天，或每人每年1.4桶。2010年中国的石油消耗量已经增长到910万桶／天。中国和印度的人口总数占世界人口的37%左右。中国的人均汽车拥有率为0.09%，几乎是美国的1/10（0.8%）；印度是世界上人均汽车拥有率最低的国家（0.02%）之一。因此，据日本能源经济研究所首席经济学家小山坚预测，在未来二十年里全球石油需求量将增长15%（《亚洲上升的石油需求和SPR的发展》，2013）。

乔治·米切尔（George Mitchel）于1998年开创性地采用水力压裂技术，开采出了原来无法获取的天然气。

天然气可能很快取代汽油成为发电站、石化工厂、家用热水器甚至机动车的能源。在不远的将来可能还会涌现出很多这样的能源故事，证实技术可以延长自然资源的寿命，但是这并不能改变这些资源有限的事实，而且可能让人更有理由回避不可避免的能源枯竭的问题。

科技还在我们周围打造了一个全新的生态系统，一场前所未有的大型实验室实验。人类历史上曾出现过病毒引发大规模死亡的事件。有趣的是，最有名的三次都发生在全球贸易频繁的时期：1348 年的瘟疫（下称“黑死病”），可能是意大利商人在当时蒙古人的势力范围地区感染病毒，然后带到欧洲，当时来往于欧亚之间的贸易活动比较常见，也比较安全；1918 年的流感大流行中，世界 30% 左右的人口受到传染，5000 万人死亡，主要原因是英国和法国在全球范围内建立帝国版图以及第一次世界大战；20 世纪 80 年代，人类首次发现 HIV 病毒，正值西方国家的经济水乳交融，在 20 世纪 90 年代，也是全球化的十年中，HIV 蔓延到全世界。截至 2012 年年底，全世界已累计有 3500 万人死于艾滋病。

我们现在生活在第四个这类实验中：全球化程度空前加深，人员流动频繁，交通方式快速便捷。现在有一种比以前更严重的病毒：冠状病毒，它的基因不是 DNA 而是 RNA。由冠状病毒引起的最有名的流行病是严重急性呼吸系统综合征（SARS，即非典）：2003 年 2 月从香港到多伦多的一名乘客感染非典，几周之内，它蔓延至整个东亚地区。幸运的是，加拿大和中国政府采取有力的措施控制住了病情的蔓延，在所有遭遇非典打击的国家，政府都采取了有力的措施；但下次我们可能不会这么幸运。2012 年在沙特阿拉伯出现一种新的冠状病毒，中东呼吸综合征（MERS）。

所有这些对人类构成威胁的问题都还没有解决，因为我们没有很好的问题解决模型。有人希望高科技产业对拯救人类种族的计算模型的投资与制造盈利机器的投资应该不相上下。否则，技术奇点还没到来，我们可能就先进入了“生态奇点”。

谈论超人类智能，可以逃避环境崩溃可能导致人类智能灭绝的话题。

也许只有灾难开始发生时，我们才会达成共识，采取行动解决环境问题。同时，高科技领域将继续生产、营销和传播让问题恶化的物品（更多的车辆、电子工具，并且很快会有更多的机器人）；我在硅谷的朋友们坚定地相信这是一个加速发展的时代，他们对最新的电子产品大肆赞扬……然而环境科学家称之为“不必要的破坏环境的技术”。

高科技粉丝写的博客充斥着更加精密的医生助手类设备的消息，他们没有意识到这种设备的普及将消耗更多的能源，造成更大的（这样或那样的）污染。在他们规划的世界里，医疗工具非常发达，但我们都已不在人世。

我没有见过一张展现技术在未来几十年将如何发展，最终达到（超人类智能）终点的路线图。相反，我见过很多张路线图，它们详细说明了按目前的趋势发展我们的地球会变成什么样子。

此外，还有很多人对互联网忧心忡忡。特德·科佩尔（Ted Koppel）在他的《熄灯》（*Lights Out*，2015）一书中解释说，大规模的网络攻击极有可能让美国陷入几周的断电、通信中断甚至停水。每天都会发生几十起黑客入侵事件。银行、零售连锁店、政府机构、美国中央情报局局长的手机甚至马克·扎克伯格的Facebook账户都曾遭遇黑客入侵。黑客一般是想出风头的业余爱好者。特务机构比业余爱好者的伤害指数高得多。他们会先监视系统，等候关键时机动手攻击系统。有些公司号称自己的系统坚不可摧，但经常受到黑客攻击的羞辱。事实上，互联网世界没有绝对的安全。将经济和基础设施建立在电脑网络（任何计算机网络）的基础之上，可能是一个战略失误。从某种意义上来看，电脑比人类脆弱。你需要抓住我，严刑逼供，从我口中得到对我的朋友、亲戚和同胞不利的消息；但你并不需要抓住并拷打电脑。从电脑中获得信息要容易得多，黑客很容易骗过电脑网络，通过网络窃取信息。电脑网络越智能，网络使用者的损失越大。

最后但并非最不重要的是，我们似乎已经忘记了核战争（即使发生在两个小国之间）会缩短人类的寿命，甚至可能让地球不再适合人类居住。我上次查考资料时发现核大国的数量增加了，而非减少，并且由于技术的快速进步和知识的电子传播，现在有能力生产核武器的实体变得更多。

人们以及媒体宣传对人工智能社区的过分乐观并无道理可言，因为 A.I. 丝毫不能解决任何这些迫在眉睫的问题。我们迫切需要的是帮助我们解决这些问题的机器。过分的乐观主义不能替代切实可行的解决方案。

对罗马“永恒之城”的狂热盛赞以及对威尼斯“最平静的共和国”的坚定信心，并没有阻止这些帝国的坍塌。盲目的乐观可能是最致命的大规模杀伤性武器。

60. 人类创造力的未来

也许我们应该关注什么可以让我们（当代的智人）变得更聪明，而不是专注于如何创造更聪明的机器来取代人类智能。创造力是智人与其他物种的真正区别。

有两个误区我一直都无法认同。第一个误区是认为大人比孩子更聪明，因此，孩子需要向成人学习，反之则不成立。

在短短的几年内孩子就能完成令人啧啧称奇的壮举，获取海量的知识并掌握众多的技能。他们待人接物的方式都极具创意。青少年仍然能够快速学习（例如外语），富有创造力（通常让期待正统行为的家长和社会生气，希望他们能遵守规则）。在另一方面，成人通常都只会循规蹈矩地生活，并按照要求服从规则。

各种迹象表明，人类智能的特有属性——创造性，随着年龄的增长而下降。我们越来越笨，创造性越来越差，而不是越来越聪明以及富有创造性；而且，一旦我们变成愚笨的大人，我们就竭尽所能让孩子也变得和我们一样愚笨。

第二个认识误区是，富裕发达的高科技国家的人们心照不宣地认为自己比科技水平落后贫穷的国家的人更聪明，更富创造力。在我看来，这种想法荒谬至极。贫民窟和农村蕴藏着一流的创造力。正是在非常贫穷的街区，人类才必须在生活的每分每秒都要动脑筋，无师自通地找到具有创意和不寻常的方法，解决从前无人面对的问题。人们设法在没有基础设施的地方做生意，随时都有可能发生不可预知的情况。他们在没有店面的情况下设法出售食品。他们在没有交通运输的情况下设法做生意。他们经常会另辟蹊径地使用手头的工具，开发工具的新功能。他们设计新的方法从公共和私有网络偷水、电、有线电视和移动电话服务。他们设法延展基础设施的功能（例如，铁路轨道也兼作农贸市场，警察设置的路障变为快餐亭）。他们通过非正规的安全网络互相帮助，可以与国家机构相媲美（不是指大小或预算方面，而是指效力方面）。贫民窟是名副其实的实验室，其中（几百万人中的）每一个人都在做鲜活的实验（寻找生存和赚钱的新方法）。那些不能为自己“创造”新生活的人得不到任何怜悯：他们没有“生存”的机会。

如果创造力可以“被测量”，我认为世界各地的贫民窟绝对完胜硅谷。

机器人取代硅谷工程师，要远远早于它取代在汽车站光着脚向成千上万个长途乘客兜售枕头的不起眼的小贩。

这些极富创意的人向往“白色”经济的工作，那是贫民窟外的精英经济。“白色”经济中，他们可以干琐碎重复性的工作（司机、收银员、擦玻璃工人）；这意味着他们必须放弃他们原来熟悉的创造力。“白色”经济（围绕“程序”）井井有条地安排工作，保证每个人至少能维持最基本的生活。人们只有在贫民窟内生活和工作时才需要动脑筋。当他们在贫民窟外生活或工作时，他们的创造力被遏制，被要求按程序办事。程序由那些在贫民窟里可能一天也无法生存的缺乏创造力的人设计。常规程序通过降低人的创造力最大限度地提高生产力。做“创造”性工作的另有其人，工人仅须按部就班地执行一系列的预定步骤。贫民窟居民无法被机器所取代，但从事“常规性工作”的工人却可以。

但是，常规性工作对企业裨益良多，因为它可以“放大”创新的效应。某项创新可能非常微不足道且偶尔为之，但许多工人（例如，通过许多硅谷工程师）执行常规工作的效应可以使甚至最简单的创新影响数百万人。

另一方面，贫民窟和农村的创造力是不变的，但是，基础设施的缺乏使之无法将创造性转变成正规产业，结果只能解决一小部分人的小问题。贫民窟蕴藏着丰富的创造力，但事实上，它被世界浪费并压制。

在我们的时代，我们加快速度把（打破规则的）儿童训练为（服从规则的）成人，同时，我们也在努力把贫民窟的创造力转变为工厂和办公室的循规蹈矩。在我看来，这两个过程更可能导致人类智能水平的降低而不是提高。

我认为，消除生活的不可预知因素意味着消除人类经验的精髓和人类智能的开启者。在另一方面，消除生活的不可预知因素是机器智能的推手。

61. 媒介塑造大脑

万维网普及了导航链接文档的模式。这一程序不仅分散人的注意力，而且不可避免地减少理解力深度（至少增加了人集中注意力的难度）。一般来说，生活完全离不开网络（超链接导航、即时消息、实时新闻）的人要付出代价：随着语境的不断转换，关注点的转换使大脑认知疲于应付。

每当大脑重新自我定位，就需要付出努力来获得长期记忆和组织自己的“想法”。大脑在短期注意力方面得到训练。它实际上与冥想和思考的大脑完全不同，与进行“深入理解的”大脑也不同。后者需要大脑对某个主题保持更长时间的关注度，从长期记忆中搜罗所有适当的资源，尽可能深入“理解”这一主题。接受过处理线性文本训练的大脑领悟更多，记忆力更强，而且在我看来，学到的东西也更多。朱二平（Erping Zhu）的“超媒体接口设计”（1999）研究已经证实了这个观点。尼古拉斯·卡尔在《浅薄》（2010）一书中指出，读线性文本的人们领悟更多，记住的内容更多，并且学习到的内容也更多。接受不断切换注意力训练的大脑领悟更少，记住的内容更少，并且学习到的内容也更少。这主要是因为大脑将信息从工作记忆传送到长期记忆（认知负荷）需要付上“不菲”的代价。认知“超载”使大脑难以进行信息解码和信息存储，并很难与原来的记忆建立相应的链接。

吉尼维尔·伊登（Guinevere Eden）在《阅读神经机制的发展》（2003）一书中探讨读写怎样在物理层面重组大脑：阅读和写作（包括其他符号类活动和艺术）怎样劫持大脑。帕特里夏·格林菲尔德（Patricia Greenfield）的“技术和非正式教育”研究（2009）表明，每个媒介的认知能力发展都以别的技能为代价。加里·史莫（Gary Small）的《互联网搜索过程中的脑激活模式研究》（2009）证明了数字技术正在迅速而深刻地改变我们的大脑。贝琪·斯帕罗（Betsy Sparrow）的文章《谷歌效应对记忆的影响》（2011）揭示了搜索引擎是如何改变人们使用记忆的方式。

我们使用的介质决定了大脑的工作方式。最终，介质将真正改变我们的大脑。介质塑造大脑。

每种介质都会培养大脑的一些认知能力，但以牺牲别的认知能力为代价，还有一种零和认知技能。盲人的嗅觉和听觉异常灵敏。网络游戏上瘾者的空间视觉能力很强，但其他技能很差。“专一”的大脑掌握书本培养的技能，而“花心”的大脑掌握网页培养的技能。

“花心”的大脑会导致一个更加肤浅的社会，大脑越来越无法胜任需要深度理解能力的任务。这个过程实际上已经持续了几个世纪（如果没有几千年的话）。在荷马的时代，很多人会背长诗。文字发明前大脑记住的事物比文字发明后更多。专业人员出现之前，人们不得不成为生活多个领域的专家，从木工到管道专家。进入专家型社会之后，我们对很多事物都一知半解：我们只知道，按一下开关或控制杆就会发生点什么（灯亮了，车库门打开了，电视机开了，水龙头出水了）。文明的历史也是生存必需的认知技能不断减少的历史。文明在不断优化知识查找和运用过程，以牺牲知识记忆理解过程为代价。基于网络的社会是这个过程的下一阶段的产物，导航和多任务处理能力超越了深度理解。我们并不需要知其所以然，只需要知其然（例如，如果你想让灯亮，就按一下开关）。最终，人类大脑可能无法解释世界中被他们“使用”的任何东西，但可以在这个世界中以更快的速度工作，完成更多任务。

肤浅大脑的社会必然会改变重要性次序。过去深度理解很重要，因此科学、文学和艺术处于等级结构的顶端。文化并不讲究民主。学术界决定什么是更重要的，什么不太重要。但是，在不需要懂太多的肤浅大脑的社会中，经典诗句是否仍然比低俗小说更重要变得值得商榷。在肤浅大脑的世界里，精英控制的知识结构体系变得无关紧要。

切换任务的大脑以颠覆性的方式工作，必然产生一个截然不同的大脑社会。读写在物理层面重组大脑，阅读和写作会劫持大脑，而浏览和搜索同样也会劫持大脑。下面是切换任务型大脑工作方式发生的变化。

网络有非常丰富的信息，解决问题并不需要动脑筋：通过网络的超链接网页基本上都能找到解决方案。新的解决问题方法不是专注于问题的性质，研究系统的动力学，然后通过逻辑推断得到新的解决办法。新的办法是在网上查找知道解决方法的人发的帖子。曾经人工智能试图建立“专家系统”，通过知识和推理找到解决办法。网络的知识量几乎接近于无限，并且减少了解决问题时的推理过程，只需搜索知识时找到相应的匹配信息，不需要任何数学逻辑。我们正在朝着越来越“傻瓜”的问题解决方式发展，尽管这种方式越来越有效。我们正在失去的认知技能是逻辑推理。

伴随网络搜索和智能手机的结合，人也不再需要思考和分辨话语的真实性：你可以“谷歌”，并在几秒钟内找到答案。人们再也没有必要与朋友眉飞色舞地为“法国革命和美国革命哪个更早发生”争论不休，只需“谷歌”一下。智能手机出现之前，人们不得不动用大脑的全部推理技巧，并且倾尽一生所学，得到一个正确答案，并说服对方。而这很容易导致大家接受的是一个错误的答案。但是，这涉及一种认知技能：修辞。

同样的道理，没有必要使用大脑的定位技能找地方：使用汽车或智能手机的导航系统就可以。这也省去了思考应该左转还是右转的必要。导航系统出现之前，人们不得不动用大脑的全部推理技能，倾尽一生所学去猜测该往哪个方向走。这么做很容易走错了方向。但是，这涉及一个认知技能：定位。

随着我们的大脑变得更加“肤浅”，我们在待人接物方面也会变得肤浅（家人、朋友、社区、国家、我们自己的生命）。在“社交网络”时代我们丢失的认知技能恰恰是：社交能力。

任务切换型大脑获取的取代“专注”技能的技能是“发布”信息。网络出现之前，只有精英能够为大众创作内容。网络造就了一大批“产销者”，他们既是网络内容的被动消费者，也是网络内容的积极生产者（向阿尔文·托夫勒致敬，1980 年他在著作《第三次浪潮》中发明了这个术语，当时互联网还处于实验阶段）。社交网络软件特别鼓励人们发布自己的新闻，从而产生了（潜在的）供千百万人阅读的日记。这培养了向世界“推销”自己的认知技能，如何向他人展示你的个性和生活。

浏览网页的简单行为构成了新的认知技能。事实上浏览器正在成为新的身体器官，用于探索网络的虚拟世界的器官，就像手或眼睛被用于探索物质的世界。这个器官拥有新的感觉，就像手有触觉，眼睛有视觉。这种新感觉意味着大脑产生新的功能，就像每一种感觉都意味着大脑拥有相应的功能。

任务切换型大脑还必须打磨过去一百年一直在不断完善的另一技能：选择。在有线电视的发明、电视频道铺天盖地的出现以前，观众看电视不需要做出什么选择。仅仅屈指可数的几个晚间新闻节目（有些国家只有一个国家电视台）。整个国家在同一时间看到的是同样的新闻。没有必要换台选台。有线电视和现在的网络极大地扩充了新闻来源，并且 24 小时播放。“肤浅”的大脑可能不愿意深入钻研任何特定的事件，但需要善于搜索和选择新闻。社交网络系统也包含选择，决定哪些话题值得讨论、值得了解，自己哪些方面值得介绍给别人。

另一方面，不仅是工具影响我们的存在，反过来我们的存在也影响工具。这个故事不仅讲述工具如何使用我们的大脑，还包括我们的大脑如何使用工具。人们最终的工具使用方式往往与工具设计的初衷不相符。这点在软件应用上尤为明显，还有许多技术违背发明者的本意取得“意外的”成功。正因如此，不同的人可能以不同的目的、不同的方式使用同样的工具（如 Facebook）。我们通过我们制造的工具表达自己，同样我们通过我们制造的工具看到自己。

网络是一系列塑造了人类大脑的新媒介中最新的一个，这些媒介始于表情、语言和写作。在每个时间点都有一些旧的技能被丢弃，一些新的技能被获取。你的大脑“是”塑造它自身的介质。无论结果好坏，你都“是”自己所使用的工具。

62. 物品的时代

我们一直在猜测生命进化的下一个阶段将会是什么样子，但我们低估了智能生命出现以后已发生的真正创新：物品。生命开始建造物品。

过去的十万年，生命的进化微乎其微，但是物品不同：出现了爆炸性的增长。

我们一般倾向于关注模仿生命、有望取代生命的物品（机器人之类），在很长一段时间里这么做可能也没错，但真正以惊人的速度增长演变的是我们的家里、街道和工作场所中普通的静态物品。有些物品甚至无所不在。

当我们回顾生命进化历程时，我们往往看大脑变得多么复杂，但我们往往低估了“精密”大脑的功能：制造更多的物品。黑猩猩的大脑和人脑并非截然不同。从第三方观察者（既不是黑猩猩也不是人类）的角度来看，这两个物种的行为（进食、睡觉、性行为甚至意识）的差别并不大。但是他们在物品制造方面存在天壤之别。大脑的真正进化在于它能制作什么样的物品。

人类的真正成就在于把地球改造成充满物品的世界：铺好的街道、人行道、高楼大厦、汽车、火车、家电、服装、家具、厨具等。

我们的生活围绕物品运转。我们工作是为了买车或买房，我们的工作内容基本是生产或销售物品。我们使用物品（通常与其他物品一起使用），把它们放到某个地方（通常放到其他物品里），（使用其他物品）清理物品等。

死亡是生命的基本属性。地球上的所有生命已经死去，或终将死去。对我们来说，地球就是一个巨大的坟墓。对于物品来说，恰好相反，地球是巨大的物品工厂，因为，我们每个人在有生之年都会生产或购买成千上万件维系我们生命的物品以及激励子孙后代生产和购买更多物品的物品。

实现发展以及推动世界发展的既不是人，也不是基因，更不是思想，而是物品。物品的演变速度要远远快于生命或思想。过去一万年中，世界上的人都目睹了物品的爆炸式增长。其他一切（政治、经济、自然灾害等）与物品的演变和扩散相比简直是小巫见大巫。20 万年来人体一直没有太大的改变。思想有所变化，但速度缓慢。

而物品已经发生彻头彻尾的改变，并且在不断地迅速改变。

任何挑战物品绝对权力，或对物品的存在、扩展和演变贡献不足的系统都可能被摈弃。有利于物品的系统容易成功。物品说了算。也许，我们只是应该听从它们的命令，这就是生活的唯一意义。如果我们敢于和物品作对，我们将自取灭亡。

你可能会认为你换了一辆车是因为你想要一辆新车，但你也可以换个角度看待这件事：是车让你花钱，然后汽车企业可以用这个钱生产更多更好的车。

在某种意义上说，消费社会是物品演变的一个阶段，由物品产生，为了加快其自身的发展。消费者只是物品的对象，为它们执行扩张和统治的策略。

最终，物品将演变成空间站和外星殖民地，为了扩张到地球之外，开始殖民化宇宙的其他部分，寻求主宰一切存在的物质，直到宇宙中的所有物质都会被像我们一样被物品建造的生物转变成物品（对热力学第二定律的公然挑衅）。

我们甚至把食物变为物品，因为我们吃包装食品的时候越来越多。过去 40 年里食品系统的变化比前 4 万年还多。

鞋、冰箱、手表和内衣是历史的真正主角，其他的一切只是它们谱写的长篇史诗的注脚。

（出于同样的原因，我认为是电子游戏玩人，而不是人玩电子游戏。）

63. 为什么我不害怕人工智能的到来

2014 — 2015 年，硅谷的连续创业者伊隆•马斯克、英国物理学家斯蒂芬•霍金与世界首富比尔•盖茨都敲响了人工智能将对人类构成威胁的警钟。他们深受比尔•乔伊的著作《未来不需要我们》的影响。2016 年，伊隆•马斯克和彼得•泰尔成立了非营利性组织 OpenAI，以“推进数字智能，造福全人类”为使命。他们聘请了曾在谷歌和辛顿小组任职的伊尔亚•苏茨克维牵头研究，并聘请加州大学伯克利分校的彼得•阿比尔、约书亚•本吉奥（Yoshua Bengio）和个人电脑先驱艾伦•凯（Alan Kay）担任顾问。

相反，我并不担心人工智能的到来，因为我们离真正的智能机器还非常遥远。

我不怕人工智能的到来，相反，我怕它来得不够快。机器是我们未来幸福生活的关键，在越来越大的程度上决定着我们未来的生活水平，智能机器很可能对我们这个时代最严重的问题的解决不可或缺。

没有机器人的世界意味着人类必须以非常低的工资生产普通家庭能负担得起的商品。在那样的世界里，只有富人能买得起车，甚至电视机。没有机器人的世界意味着人类将必须执行各种对健康危害很大的危险工作，如清理福岛的核灾难现场，在矿山、钢厂恶劣的工作条件下工作。机器人可以被用来解除自杀性人肉炸弹、排除地雷。没有机器人，这些工作只能由人类来干。没有机器人的世界将是一个可怕的世界。

机器人的营销有失偏颇。机器人大多被表现为可怕的大型猛兽。我们应该改为宣传，有一天隔壁的五金店将出售为我们修理和疏通房屋管道的微型爬行机器人。穿上机器人“护甲”，我们能够举起并搬运后院的重物。以此类推：机器人将帮助我们解决家居中出现的实际问题。

不必担心机器可能“偷走”我们的工作，我们应该担心一些需求紧迫的工作没有人干。照顾老年人是一个典型的例子。事实上，世界上绝大多数国家的人口并未加速增长，反而减缓。在某些国家，人口变为负增长。在许多国家，人口已经达到顶峰，很快开始下滑，同时由于医学进步，很快会出现人口老龄化问题。换句话说，许多国家需要为未来老年人与照顾他们的年轻人的人口比例失调做好准备。20 世纪 50 年代到 60 年代，西方世界出现“婴儿潮”。21 世纪将迎来一大社会变革：老年潮。富裕国家正在步入“老年潮”时代。谁将照顾年龄逐渐增长的老年人？大多数这些老化的人口都没有负担全职保姆的经济能力。机器人可以解决这个问题：机器人能帮助人买东西，打扫房屋，可以提醒人吃药，给人量血压等。机器人可以不分昼夜，全年无休地做这些事情，而且价格实惠。我担心 A.I. 来得不够及时，以致于我们将不得不独自面临老龄化的问题。

我们宣称，我们希望世界上所有人都能达到富裕的西方国家水平，但事实是，任何“富裕”国家都需要穷人来做“富人”拒绝做的工作。穷人做的大多数是维持社会正常运转、维系我们日常生活的工作。这些都是低报酬的卑微工作，比如收垃圾、做三明治。我们宣称，我们希望地球上的 80 亿人口达到富裕国家的生活水准，但是当所有 80 亿人都变得富足，没有人愿意去做那些不起眼的低报酬工作时，世界会变成什么样呢？谁每周一次收垃圾？谁在餐厅做三明治，谁清理公共浴室，谁擦办公楼的玻璃？我们不愿承认，但今天我们依靠众多的穷人为我们做那些我们不想做的工作。我希望我们在 50 年甚至更短的时间内切实解决贫困问题，但是这意味着我们只有 50 年的时间创造出做所有人类不想做的工作的机器人。我不害怕机器人，我害怕 50 年后如果我们没有收垃圾、做三明治、清理浴室的智能机器人，我们的世界将落入怎样的景象。

没有机器人的世界无法正常运转，非常贫穷的人在恶劣的条件下工作生活，老人无人照顾，残障人士无人帮助。

没有机器人的世界是一个可怕的世界。

64. 人工智能时代的宗教

自史前时代以来，人类一直期待发生这样或那样的超自然事件。人类大脑好像天生被设定为相信超自然力量，以及追求永生。

正如本书开头提到的，我们正在见证一个新的宗教的诞生。这个宗教相信超自然世界不存在于这个宇宙中，也不在天上，而是在数据世界中（dataverse）。

根据这一新的“宗教”，人工智能会产生一种统治人类世界的超自然智能。

现在回想起来，古老的宗教是现实的：它们承认人都有一死，并寄希望于来世。这是一种经验主义与理性的态度。奇点理论的描述否认显而易见的事实：万物都有终结。新的“宗教”既不符合常理（没有任何证据表明永恒不朽的生命存在），也不理性（没有任何科学证明宇宙中任何生命比宇宙的寿命更长，或者比太阳的寿命更长）。

理性受到“左”“右”夹击，“右派”是现代信仰，“左派”是奇点阵营。

现代信仰（“右派”）主要反对世界三大宗教，而支持道教和佛教。后两种理念体系（宗教性不强）似乎最符合我们对宇宙的认知，自 19 世纪 60 年代以来在旧金山湾区盛行，硅谷与这两种理念不谋而合，它将技术融入生活哲学。“右派”诞生于物理学家弗理乔夫·卡普拉（Fritjof Capra）的著作《物理学之道》（*The Tao of Physics*，1975）。迈克尔·辛格（Michael Singer）的畅销书《不受限制的灵魂》（*The Untethered Soul*，2007）或威廉·布拉德（William Broad）的《瑜伽的科学》（*The Science of Yoga*，2012）代表着它的成熟阶段，它在中间成长阶段尝试将宗教精神和物理相结合，代表作有迪帕克·乔布拉（Deepak Chopra）的《量子疗法》（*Quantum Healing*，1989）和丹娜·左哈尔（Danah Zohar）与一位物理学家合著的《量子自我》（*The Quantum Self*，1990）。

“左派”认为宇宙是由数据主宰的普遍运动的一部分。以色列历史学家尤瓦·哈拉里（Yuval Harari）在他的著作《人类简史》（2011）中称之为新的宗教，数据主义（Dataism）。“左派”相信科学，尤其是计算机科学。根据皮尤研究中心统计，2015 年美国高达 89% 的成年人信神（在欧洲，我们估计这个数字约为 77%），但很少有人期待来世。他们中的大多数人恐惧死亡。他们真正的宗教是医学，因此间接地相信科学。他们耐心等候化学、生物学、物理学等科学研究的进步，因为他们希望这些研究成果将推动医学进步。1993 年美国政府启动了一个巨额项目，开发世界上速度最快的粒子加速器（以下简称“超导型对撞机”），2011 年政府关闭了美国最强大的粒子加速器（Tevatron），人们为此欢欣鼓舞。但如果告诉他们加速强子将延长他们的寿命，他们会心甘情愿地为有史以来最昂贵的粒子加速器纳税。如果告诉他们，太空探索将延长他们的寿命，他们会心甘情愿地为土星任务纳税。如果告诉他们人工智能将让他们不死，超人类智能（奇点）即将真正到来，他们的反应应该是：既恐惧又满怀希望。

我也认为今天大多数的“指数发展”是宗教机构的衰败造成的。宗教机构大多不支持，有时甚至不保护科学家、工程师、哲学家和医生，因为这些人用各种方法暗示灵魂不存在，它只是大脑电化学过程的表现。宗教自然不喜欢技术和科学进步，因为科学技术的进步转移了人们对宗教道德的基础——灵魂的注意力。

此外，科技打乱了传统的社会生活，而牧师的能力需要从这种生活中得以体现。因此，我们生活在一个无限循环中：宗教地位下降，它促进科学技术的进步，科学技术的进步导致宗教地位进一步下降，如此反复。对精神的超自然存在的信仰正在迅速被对技术超级存在的信仰所取代，这也不足为奇。

当人们看不到长生不老的希望时，传统宗教非常受欢迎。因此，消除死亡恐惧的唯一出路在于相信某位神的怜悯。新式的技术宗教为今世的死亡提供补救措施：就算不能有永生，至少可以延长人在地球上的寿命。这种新的宗教是否比古代西方宗教更现实，尚且具有争议性；奇点能来拯救我们还是谁都无法救我们，这还有待时间的证明。

恐怕奇点成为了高科技世界大批无神论者信奉的新式宗教。到了末世，奇点的使命就变成当末日到来时，如何从诅咒中拯救人类自我，同时让人类相信某种意义上的复活。

我们以前已经看过相似情节的电影，不是吗？

后　记

我在本书中不想表达的意思

我想强调一下我在本书中没有表达的意思。

我并没有宣称强人工智能是不可能的，只是它需要该领域发生翻天覆地的变革；我并不认为超人类智能是不可能的，事实上，我曾解释说它已经在我们身边出现；我并没有对技术进步不满，我只是感叹它的成就和优点被过分夸大。

我不是说技术让你变笨。我指的是规则制度让你变笨；而技术被用来建立、执行和普及这些规则和制度，通常赋予机器较之人类不公平的优势。

我并没有表示人工智能领域毫无建树。它已经取得很大的进步，但主要是因为处理器的价格更便宜、体积更小、速度更快，还因为环境的结构化程度越来越高，使机器的操作越来越容易（对人类和机器而言都是如此）。

我并没有说人类永远无法创造出人工智能。我们已经开发了很多实用的人工智能程序以及一些真正令人讨厌的程序(比如你上网时跳出的广告)。“智能”的定义如此含糊，甚至第一台计算机（或第一个时钟）都可以被认为属于人工智能。事实上，早期的计算机被称为“电子大脑”，而不是“电子物体”。

我没有说人工智能没用。相反，我认为它推动了神经科学的发展。也许“列举”问题（列举所有实现强人工智能必需的智能任务）是一条线索，表明我们自己大脑的各个区域可能不是“孤军奋战”，而是彼此联合作战，各司其职。

我没有说我很害怕智能机器的到来。恰恰相反，我们迫切需要智能机器。虽然技术进步有许多不足之处，但总体而言，它帮助人类生活得更好。我们确实需要机器智能取得科技已承诺但尚未兑现的进步。

我不害怕智能机器的到来，我害怕它来得不够及时。

附录一　神经科学大事年表

1590 年　鲁道夫·戈克尔在其著作《*Psychologia*》中引入“psychology”（心理学），专门指代研究精神世界的学科。

1649 年　皮埃尔·伽桑狄在《伊壁鸠鲁哲学体系》中认为：野兽同样具有属于自己的认知生活，只是不如人类发达。

1664 年　勒内·笛卡儿在《论人》中认为：松果体是大脑意识产生的主要因素。

1664 年　托马斯·威利斯在 1664 年出版的《大脑解剖学》一书中描述了大脑中的不同结构，并创造出“神经病学”一词。

1741 年　伊曼纽·斯威登堡在《生命王国经济》一书中讨论了在大脑中皮质功能定位的问题。

1771 年　路易吉·伽伐尼发现，神经细胞是电导体。

1796 年　弗朗兹·约瑟夫·加尔开始讲授颅相学理论，他认为思维能力是大脑特定区域作用的结果（其中的 19 个区域的原理与动物相同，另外 8 个区域则是人类独有的）。

1824 年　皮埃尔·弗卢朗在《评颅相学》一书中质疑了加尔的理论。

1825 年　让 - 巴蒂斯特·拉马克在其《关于脑炎的临床和生理学论著》中描述了由于大脑损伤而丧失言语能力的病人。

1836 年　马克·达克斯在《大脑左半球损害符合思想征兆遗忘》一文中指出，失语症患者（不能说话）大脑的左半球经历过持续性的伤害。

1861 年　保罗·布罗卡在《言语丧失，长期恢复与大脑左前叶部分损伤》中又独自重新提出了皮质功能定位的理论。

1865年 | 保罗·布罗卡在《言语机能位于左大脑第三额叶回》中表明言语功能定位于大脑左半球。

1868年 | 约翰·休林·杰克逊在《神经系统的生理及病理学札记》中记载了大脑右半球的损伤影响了空间识别能力。

1870年 | 爱德华·希齐格和古斯塔夫·弗里奇发现运动神经机能在大脑中的位置。

1873年 | 让-马丁·沙可在《神经系统疾病讲义》中介绍了多发性硬化症的神经起源。

1873年 | 卡米洛·高尔基在《脑灰质结构》一文中阐述了神经细胞体具有单个轴突及若干个树突。

1874年 | 卡尔·韦尼克确定感觉性失语（语言机能丧失）与大脑左颞叶的损伤有关。

1874年 | 夏尔-爱德华·布朗-塞加尔在《*Dual Character of the Brain*》中认为学习能力不完全与大脑右半球有关。

1876年 | 约翰·休林·杰克逊发现空间识别能力的丧失与大脑右半球的损伤有关。

1876年 | 大卫·费里尔在《*The Functions of the Brain*》中用一幅图描述了大脑中分别负责运动、感觉以及联想功能的区域。

1890年 | 威尔赫尔姆·希思首次提出了“树突”的概念。

1891年 | 圣地亚哥·拉蒙-卡哈尔证实神经细胞（神经元）是大脑中处理信息的基本单元，它通过树突从其他神经元接收到输入信息，再借助轴突将处理后的信息传送到其他神经元。

1891年　威尔赫尔姆·冯·瓦尔代尔在一次讨论圣地亚哥·拉蒙-卡哈尔理论时提出了“神经元”这一术语。

1896年　阿尔布雷希特·冯·克利克尔提出了“轴突”的概念。

1897年　查尔斯·谢林顿提出“突触”的概念。

1901年　查尔斯·谢林顿绘制出猿类的运动皮层图。

1903年　阿尔弗雷德·比奈发明了“智力商数”（IQ）测试。

1905年　基思·卢卡斯证实神经元只有在满足了一定的刺激阈值的条件下才会对刺激产生反应，一旦达到此阈值，神经元会继续以同样固定量产生反应，而与刺激强度无关。

1906年　查尔斯·谢灵顿在《*The Integrative Action of the Nervous System*》中认为大脑皮层是整合认知功能中心。

1911年　爱德华·桑代克提出了联结主义理论（即思维是一个联结网络，只有各种元素彼此联结才会产生学习活动）。

1921年　奥托·勒维发现了神经冲动的化学传递，证明神经元通过化学物质（尤其是乙酰胆碱）可以刺激肌肉的活动，而不仅仅是依靠电传导。

1924年　汉斯·伯格首次记录了人类大脑电波，即第一张脑电图。

1924年　康斯坦丁·贝科夫通过对狗进行割裂脑实验，发现切断胼胝体后两个大脑半球之间通信中止。

1925年　埃德加·阿德里安证实神经元之间的信息传递是依靠放电频率的改变实现的，从而首次获得感官信息在神经系统里编码的证据。

1928年　奥特弗里德·福尔斯特在外科手术中尝试用电探针刺激病人的大脑。

1933 年 | 亨利·戴尔为描述能够释放两种基本类别神经递质——肾上腺素类与乙酰胆碱类——的神经元，特别提出了“释放肾上腺素的”和“类胆碱功能的”两个概念。

1935 年 | 怀尔德·彭菲尔德解释了如何用电探针刺激癫痫病患者的大脑。

1936 年 | 让·皮亚杰发表“儿童智力的起源”一文。

1940 年 | 威廉•范•华格纳为控制癫痫病患者发病对其进行了“割裂脑”手术。

1949 年 | 唐纳德·赫布提出了细胞结集理论（突触的选择性增强和抑制作用会使大脑将自身组织成自我增强的神经元区域——联结的强度取决于其被使用的频率）。

1951 年 | 罗杰·斯佩里提出突触信息的“化学亲和力理论”，解释了在胚胎发育的过程中神经系统如何通过基因决定的化学匹配程序完成自我组织过程。

1952 年 | 保罗·麦克林发现了“边缘系统”。

1953 年 | 约翰·埃克尔斯在《*The Neurophysiological Basis of Mind*》中介绍了两种发生在神经元中的基本改变——兴奋电位和抑制电位。

1953 年 | 罗杰·斯佩里和罗纳德·迈耶斯在研究“割裂脑”时发现了大脑的两个半球分别承担不同的任务。

1953 年 | 尤金·阿瑟瑞斯基发现了“快速眼动”（REM）睡眠与做梦周期之间的对应关系。

1954 年 | 丽塔·莱维 - 蒙塔尔奇尼发现了有助于促进神经系统生长的神经生长因子，从而证实了斯佩里化学亲和力理论。

1957 年 | 弗农·蒙卡斯尔发现了大脑的模块化组织（垂直列）结构。

1959 年 | 米歇尔·朱维特发现 REM 睡眠产生于脑桥。

1962 年 | 大卫·库尔发明了 SPECT（单光子发射计算机断层扫描）。

1964 年 | 约翰•杨提出了大脑“自然选择”理论(学习是消除神经联结的结果)。

1964 年 | 保罗·麦克莱恩提出大脑三位一体理论——即大脑分为三层，每一层对应着人类进化的不同阶段。

1964 年 | 吕德尔·德克和汉斯-赫尔穆特·科恩休伯发现大脑中的无意识现象——准备电位。

1964 年 | 本杰明·利贝特发现准备电位比意识知觉约提前半秒发生。

1968 年 | 尼尔斯·杰尼提出大脑自然选择模型（在人类大脑中思想生活是一个环境选择的连续过程——即环境决定我们思想的选择）。

1972 年 | 雷蒙德·达马迪安制造世界上第一台磁共振成像仪（MRI）。

1972 年 | 乔纳森·威尔逊发现了梦的 θ 节奏和长期记忆之间的相关性。

1972 年 | 戈弗雷·豪斯费尔德和艾伦·科马克发明计算机断层扫描或 CAT 扫描。

1973 年 | 爱德华·霍夫曼和迈克尔·菲尔普斯进行了全世界首次 PET（正电子发射断层扫描）扫描，从而使科学家对大脑功能的绘制成为可能。

1977 年 | 艾伦·霍布森提出梦的理论。

1978 年 | 杰拉尔德·埃德尔曼提出了神经元的群体选择理论和“神经达尔文主义”。

1985 年 | 迈克尔·加扎尼加提出“解释器”理论（认为在大脑左半球存在一个模块，负责解释其他模块的行为，并为人类的最终行为提供说明）。

1989 年 | 沃尔夫·辛格和克里斯托弗·科赫发现在任何给定时刻，大量神经元的同步振荡会引起非常明显的 40 赫兹的宏观性振荡（即伽马同步）。

1990 年 | 小川诚二根据脑血流提出了功能性磁共振成像理论，从而更好地测量大脑活动。

1994 年 | 维拉亚纳尔·拉玛钱德朗证实了成人大脑的可塑性。

1996 年 | 贾科莫·里佐拉蒂发现大脑使用“镜像”神经元来描述其他个体正在执行的活动。

1996 年 | 鲁道夫·里纳斯认为神经元始终处于激活状态，无休止地产生各种可能活动的集合，最终由环境去“选择”具体执行的特定活动。

1997 年 | 日本在东京成立了大脑科学研究院。

2009 年 | 美国启动人类连接组项目用以绘制人类大脑图像。

2012 年 | 马克·梅福将老鼠对于熟悉位置的记忆储存在一块微芯片上。

2013 年 | 欧盟启动人类大脑计划，通过计算机来模拟人脑。

2013 年 | 钟冠鸿（Kwanghun Chung）和卡尔·戴瑟罗特研发出光遗传学技术，能使大脑显示得更加透明和清晰。

附录二　人工智能大事年表

1935年 | 阿隆佐·邱奇证明了一阶逻辑的不可判定性。

1936年 | 阿兰·图灵提出通用机理论（《*On computable numbers, with an application to the Entscheidungs problem*》）。

1936年 | 阿隆佐·邱奇提出Lambda演算。

1941年 | 康拉德·楚泽制造出世界第一台可编程电子计算机。

1943年 | 数学家诺伯特·维纳、生物学家阿图罗·罗森布鲁斯以及工程师朱利安·毕格罗合作发表了论文《行为、目的和目的论》。

1943年 | 肯尼斯·克雷克发表《*The Nature of Explanation*》。

1943年 | 沃伦·麦卡洛克与沃尔特·皮茨提出二进制神经元网络（《*ALogical Calculus of the Ideas Immanentin Nervous Activity*》）。

1945年 | 约翰·冯·诺依曼设计一部拥有自身指令——“存储程式架构”——的计算机。

1946年 | 制造出世界上第一台图灵完备计算机ENIAC。

1946年 | 第一次梅西系列会议召开，主要讨论控制论。

1947年 | 约翰·冯·诺依曼提出自复制自动机理论。

1948年 | 阿兰·图灵提出“智能机械”的思想。

1948年 | 诺伯特·维纳提出“控制论”理论。

1949年 | 利奥·多斯特在乔治城大学成立了语言和语言学研究院。

1949 年 | 威廉·格雷 - 沃尔特制造出艾尔马与埃尔西机器人。

1950 年 | 阿兰·图灵发表《计算机器与智能》（提出“图灵测试”）。

1950 年 | 克劳德·香农提出树型搜索理论。

1951 年 | 克劳德·香农发明能破解迷宫的机器人（“电子鼠”）。

1951 年 | 卡尔·拉什利发表《*The problem of serial order in behavior*》。

1952 年 | 野浩树洼·巴希里组织召开了机器翻译领域的第一次国际会议。

1952 年 | 罗斯·阿什比出版了《*Design for a Brain*》。

1954 年 | 马文·明斯基提出强化学习概念。

1954 年 | 乔治城大学的利奥·多斯特团队与 IBM 的伯特·赫德联合演示了机器翻译系统，成为可能是数字计算机在非数值领域的首次尝试。

1956 年 | 艾伦·纽厄尔和赫伯特·西蒙合作开发了“逻辑理论家”系统。

1956 年 | 人工智能领域的达特茅斯会议召开。

1957 年 | 弗兰克·罗森布拉特发明感知机。

1957 年 | 纽厄尔和西蒙开发了“通用问题求解器”系统。

1957 年 | 诺姆·乔姆斯基出版《句法结构》（转换语法）。

1958 年 | 约翰·麦卡锡发明了 LISP 编程语言。

1958 年 | 奥利弗·塞尔弗里奇提出“万魔殿”理论。

1958 年 | 约翰·麦卡锡发表了侧重于知识表达的文章《常识性程序》。

1959 年 | 亚瑟·塞缪尔开发的下棋程序被公认为世界首款自学习功能程序。

1959年 | 约翰·麦卡锡和马文·明斯基在麻省理工学院成立了人工智能实验室。

1959年 | 诺姆·乔姆斯对斯金纳著作的评论结束了行为主义的主导地位，使认知主义重新回到主流的地位。

1959年 | 野浩树洼·巴希里引入“证据”证明机器翻译是不可能实现的。

1960年 | 伯纳德·维德罗和特德·霍夫提出了Adaline理论，定义了自适应线性神经元（后来被称为自适应线性元），使用δ律进行神经网络的研究。

1960年 | 希拉里·普特南提出了计算功能主义理论。

1962年 | 约瑟夫·恩格尔伯格为通用汽车公司部署了工业机器人尤尼梅特。

1963年 | 欧文·约翰·古德（伊西多尔·雅各布·高达）推测将会出现“超级智能机器”（即“奇点”）。

1963年 | 约翰·麦卡锡前往斯坦福大学并在那里创立斯坦福人工智能实验室（SAIL）。

1964年 | IBM公司开发了用于语音识别的“鞋盒”系统。

1965年 | 爱德华·费根鲍姆开发出DENDRAL专家系统。

1965年 | 卢特菲·扎德创立了模糊逻辑概念。

1966年 | 伦纳德·鲍姆提出隐马尔可夫模型。

1966年 | 约瑟夫·魏泽鲍姆开发出伊莱扎系统。

1966年 | 罗斯·奎利恩提出语义网络理论。

1967年 | 芭芭拉·海斯-罗斯研发出语音识别系统Hearsay。

1967年 | 查尔斯·菲尔莫尔提出了Case Frame Grammar理论。

1968年 | 格伦·谢弗和斯图尔特·登普斯特提出“证据论”。

1968年 | 彼得·托马创立Systran公司，实现了机器翻译系统的商业化。

1969年 | 第一届国际人工智能联合会议（IJCAI）在斯坦福举行。

1969年 | 马文·明斯基和塞缪尔·帕尔特发表了《感知机》，遏制了神经网络理论的发展。

1969年 | 罗杰·尚克针对自然语言处理提出了概念依附理论。

1969年 | 斯坦福研究院研发出沙基机器人。

1970年 | 阿尔伯特·厄特利的Informon自适应模式识别。

1970年 | 威廉·伍兹针对自然语言处理提出增强转移网络（ATN）理论。

1971年 | 理查德·菲克斯和尼尔斯·尼尔森介绍了STRIPS规划者程序。

1971年 | 因戈·雷兴伯格提出“进化策略”理论。

1972年 | 阿兰·科尔默劳尔开发了PROLOG编程语言。

1972年 | 布鲁斯·布坎南开发了MYCIN专家系统。

1972年 | 休伯特·德雷福斯出版了《计算机不能做什么》。

1972年 | 特里·威诺格拉德开发出Shrdlu。

1973 年 | 詹姆斯·莱特希尔在其著作《*Artificial Intelligence*，*A General Survey*》中对人工智能领域的过度盲目提出批评。

1973 年 | 吉姆·贝克用隐马尔可夫模型进行了语音识别研究。

1974 年 | 马文·明斯基提出框架理论。

1974 年 | 保罗·乌博思提出针对神经网络的反向传播算法。

1975 年 | 约翰·霍兰德提出遗传算法。

1975 年 | 罗杰·尚克提出脚本理论。

1976 年 | 道格·莱纳特创立了数学积分系统 AM。

1976 年 | 理查德·莱恩提出通过自我检测实现自我复制的理论示例。

1979 年 | 科德尔·格林尝试开发自动编程系统。

1979 年 | 大卫·马尔提出视觉理论。

1979 年 | 德鲁·麦克德莫特提出非单调逻辑理论。

1979 年 | 威廉·克兰西开发出 Guidon 程序。

1980 年 | 第一家大型人工智能初创企业 Intellicorp 成立。

1980 年 | 约翰·麦克德莫特开发出 XCON 系统。

1980 年 | 约翰·塞尔在其著作《*Minds*, *Brains*, *and Programs*》中提出了“中文房间实验”。

1980 年 | 邦彦福岛创立卷积网络理论。

1980 年 | 麦卡锡提出 Circumscription 体系。

1981 年 | 丹尼·希利斯设计出连接机器。

1982 年 | 日本启动第五代计算机系统项目。

1982 年 | 约翰•霍普菲尔基于退火模拟过程描述了新一代神经网络。

1982 年 | 朱迪亚•珀尔研发出“贝叶斯网络”。

1982 年 | 图沃•柯霍宁提出用于无监督学习的自我组织映射（SOM）网络。

1982 年 | 加拿大高级研究所（CIFAR）将人工智能与机器人作为其启动的第一个项目。

1983 年 | 杰弗里•辛顿和特里•谢泽诺斯基发明了用于无监督学习的玻尔兹曼机。

1983 年 | 约翰•莱尔德和保罗•罗森布鲁姆提出 SOAR 结构。

1984 年 | 瓦伦蒂诺•布瑞滕堡出版了《车辆》。

1986 年 | 大卫•鲁梅尔哈特出版《平行分布式处理》再次印证了乌博思的反向传播算法。

1986 年 | 保罗•斯模棱斯基发明出了受限玻尔兹曼机。

1987 年 | 克里斯•兰顿硬币提出了“人造生命”概念。

1987 年 | 辛顿前往加拿大高级研究所（CIFAR）工作。

1987 年 | 马文•明斯基出版《心智社会》。

1987 年 | 德尼•布鲁克斯推出机器人百特。

1987 年 | 斯蒂芬•格罗斯伯格提出针对无监督学习的自适应共振理论（ART）。

1988 年 | IBM 弗雷德•耶利内克团队出版《语言翻译的统计方法》（*A statistical approach to language translation*）。

1988年 | 希拉里·普特南发表文章《*Has artificial intelligence taught us anything of importance about the mind*》。

1988年 | 菲利普·阿格勒设计出全球首台"海德格尔式人工智能"Pengi系统，并在此系统上运行了名为Pengo的商业视频游戏。

1990年 | 卡弗·米德描述了一款神经形态处理器。

1990年 | IBM的彼得·布朗实现了基于统计的机器翻译系统。

1990年 | 雷·库兹韦尔出版了著作《智能机器时代》。

1992年 | 托马斯·雷编写出程序"Tierra"——一个虚拟世界。

1994年 | 第一次"Towar da Science of Consciousness"学术会议在亚利桑那州的图森召开。

1995年 | 杰弗里·辛顿发明了亥姆霍兹机。

1996年 | 大卫·菲尔德和布鲁诺·奥尔斯豪森共同发明了"稀疏编码"。

1997年 | IBM的"深蓝"击败了世界国际象棋冠军加里·卡斯帕罗夫。

1998年 | 两名斯坦福大学的学生——拉里·佩奇和谢尔盖·布林发明了搜索引擎谷歌。

1998年 | 燕乐存（Yann Lecun）建立了第二代卷积神经网络。

2000年 | 辛西娅·布雷西亚设计出情感机器人"命运"。

2000年 | 塞思·劳埃德出版《*Ultimate physical limits to computation*》。

2001年 | 翁巨杨发表了《*Autonomous mental development by robots and animals*》。

2001年 | 尼古拉斯·汉森提出名为“协方差矩阵适应”（CMA）的演进策略理论，主要对非线性问题做数值上的优化。

2003年 | 石黑浩制造出了酷似年轻女子的机器人Actroid。

2003年 | 约翰·霍普金斯大学的贾科瑞特·苏萨克恩（Jackrit Suthakorn）和格里高利·切瑞吉安（Gregory Chirikjian）制造出能实现自我复制的机器人。

2003年 | 李带生出版了著作《视觉皮层中的分层贝叶斯推理》。

2004年 | 艾伯克·沃茨穆斯（Ipke Wachsmuth）制造出会话代理机器人“Max”。

2004年 | 马克·蒂尔登制造了生物形态机器人Robosapien。

2005年 | 斯坦福大学的吴恩达启动了STAIR项目（斯坦福人工智能机器人）。

2005年 | Boston Dynamics公司研发出四足机器人“大狗”（Big Dog）。

2005年 | 康奈尔大学的胡迪·利普森制造出“自我复制机”。

2005年 | 本田公司设计出人形机器人“阿西莫”。

2006年 | 杰弗里·辛顿提出深度信念网络（一种用于受限玻尔兹曼机的快速学习算法）。

2006年 | 长谷川修提出自组织增量学习神经网络（SOINN）理论——一种无监督学习的自我复制型神经网络。

2006年 | 机器人初创企业柳树车库（Willow Garage）成立。

2007年 | 约书亚·本吉奥发明“栈式自动编码器”。

2007年 | 斯坦福大学推出机器人操作系统（ROS）。

2008年 | 巴斯大学的阿德里安·鲍耶利用3D打印机制造出其子辈副本。

2008 年 | 麻省理工学院媒体实验室的辛西娅·布雷西亚团队推出首款机动-灵活-交际型（MDS）机器人 NEXI。

2008 年 | IBM 的达曼德拉·莫德哈启动神经形态处理器制造项目。

2010 年 | 罗拉·卡纳麦罗研制出能显示自身情绪的机器人 Nao。

2010 年 | 邱克·李（Quoc Le）提出“平铺卷积网络”理论。

2010 年 | 纽约股票交易所因算法交易瞬间损失一万亿美元后不得不暂时关闭。

2011 年 | IBM 的 Watson 机器人在电视节目中亮相。

2011 年 | 尼克·达洛伊西奥发布了用于智能手机的内容精简工具 Trimit（后来更名为 Summly）。

2011 年 | 长谷川修研发出基于 SOINN 的机器人，能够不依靠编程就能实现自主学习。

2012 年 | 罗德尼·布鲁克斯推出可编程机器人“百特”。

2012 年 | 亚历克斯·克里泽夫斯基证实：在深度学习训练期间，当处理完 2000 亿张图片后，深度学习的表现要远远好于传统的计算机视觉技术。

2013 年 | 麻省理工学院的约翰·罗曼尼辛、凯尔·吉尔平以及丹妮拉·鲁斯研发出“M-blocks”机器人。

2013 年 | 弗拉基米尔·穆尼推出深度 Q- 网络。

2014 年 | 弗拉基米尔·维希洛夫与尤金·杰姆琴科等人研发出模拟一名 13 岁乌克兰男孩的机器人尤金·古斯特曼，还通过了伦敦皇家学会的图灵测试。

2014年 | 李飞飞研发出可描述出图片内容的计算机视觉算法。

2014年 | 亚历克斯·格雷夫斯、格雷格·韦恩和伊沃·达尼赫尔卡发表了一篇关于“神经网络图灵机”的论文。

2014年 | 贾森·韦斯顿、萨米特·乔普拉和安托万·博尔德发表了一篇关于“记忆网络”的论文。

2014年 | 微软演示了实时口语翻译系统。

2015年 | 1000多位人工智能领域的著名科学家联合签署一封公开信，呼吁禁止使用“攻击性自主化武器”。

2016年 | 谷歌的AlphaGo击败围棋大师李世石。

《硅谷百年史》新版三卷本

《硅谷百年史——创业时代》

书号：978-7-115-42996-4

定价：45.00 元

《硅谷百年史——创新时代》

书号：978-7-115-42962-9

定价：59.00 元

《硅谷百年史——互联网时代》

书号：978-7-115-43175-2

定价：69.00 元

钱颖一、段永基、吴军作序导读

高红冰、马永武、丁圣元、段永朝诚挚推荐

全球首部硅谷编年体史书。

持续创新 100 年的海量案例库。

历时两年修订改版，新增超 15 万字内容，

收入人工智能、虚拟现实、无人驾驶、区块链等领域的最新技术和创业公司案例。

内容简介

本套书以编年体的顺序，将百年硅谷史分为“创业时代”、“创新时代”和“互联网时代”，分三册详尽地记述了自斯坦福建校至2015年在这片美国西海岸的土地上所发生的重大科技事件，生动刻画了在这里涌现出的一代代科学家、企业家和投资家，他们缔造了无数激动人心的有关科技与财富的故事，改变了全世界人的生活方式。